优秀的人
都会掌控情绪

曾丽菲 著

江西高校出版社

图书在版编目（CIP）数据

优秀的人都会掌控情绪 / 曾丽菲著 . -- 南昌 : 江西高校出版社 , 2021.6

ISBN 978-7-5762-1350-8

Ⅰ . ①优… Ⅱ . ①曾… Ⅲ . ①情绪 – 自我控制 – 通俗读物 Ⅳ . ① B842.6-49

中国版本图书馆 CIP 数据核字 (2021) 第 092361 号

出版发行	江西高校出版社
地　　址	江西省南昌市洪都北大道 96 号
总编室电话	（0791）88504319
销售电话	（0791）87919722
网　　址	www.juacp.com
印　　刷	河北盛世彩捷印刷有限公司
经　　销	全国新华书店
开　　本	880mm × 1230mm　1/32
印　　张	7.75
字　　数	150 千字
版　　次	2021 年 6 月第 1 版 2021 年 6 月第 1 次印刷
书　　号	ISBN 978-7-5762-1350-8
定　　价	45.00 元

赣版权登字 -07-2021-622

前 言

情绪，是对一系列主观认知经验的通称，是多种感觉、思想和行为综合产生的心理和生理状态，是对客观事物的一种反映。这种反映有时是短暂性的，有时是持续性的，它包括喜、怒、哀、乐、忧、思、悲、恐等心理体验。现代医学已经证明，情绪主要源于心理，它能够左右一个人的思维和判断，能影响一个人的行为是否理性，更能决定一个人能拥有怎样的人生。

正面情绪能使人身心健康、乐观向上，给我们的生活带来积极的影响，是一个人迈向幸福人生之路最重要的法宝；负面情绪则恰恰相反，它会让人对一切事物都产生消极作用，无论面对什么情况，都会往最坏的方面去想，到最后不管是在生活中还是在工作中，都会给人以致命的打击。

罗伯·怀特曾说过，不论在何时，人都不能做自己情绪的奴隶，不能被自己的情绪控制，而是要做到主动控制情绪。即使环境再糟糕，也要尽自己最大的能力去支配环境，把自己拯救出来，脱离黑暗。

你是否遇到过这种状况？因上司的批评、妻子的埋怨、孩子的哭闹、同事的取笑而变得焦躁不安甚至怒火冲天？当情绪一发不可收拾的时候，当我们无法左右情绪的时候，那时的我们仿佛已经变成另外一个人，直至强烈的情绪发泻过后，我们可能对自己最亲的人造成伤害的同时，也对自己造成了伤害。

能够合理地掌控自己的情绪是一种能力，是优质人生必备的能力之一，能够掌控自己的情绪甚至能进一步操控他人情绪的人，在家庭、事业上都能做到游刃有余。古今中外，名垂千古的伟人、功成名就的名人成功的背后都有着一个秘诀——善于控制自己的情绪。他们面对问题永远都是正面情绪克制负面情绪，懂得在负面情绪到来时，及时消化或者转移它，时刻让自己的情绪保持正面状态。

善于控制情绪的人，总能在绝境中找到希望，在黑暗中发现光明，在遇到挫折之时勇往直前。他们的内心永远燃烧着积极、乐观的火焰，有着不断努力奋斗的动力；而那些不善于控制自身情绪的人，遇到问题就成天抱怨，遇到挫折就轻言放弃，遇到机遇就患得患失，焦虑、烦躁的情绪整日缠绕着他，占据着他的整个身心，这样的人，迟早会被自身所厌弃。

情绪稳定是一种十分强大的能力。但是，大多数时候我们都是被坏情绪牵着鼻子走，如果想控制情绪，就需要真正地了解它，并试着与它做朋友。生活中，情绪往往突如其来，我们要学会疏堵结合，遇事多想想好的一面，多做积极的评估。“爱笑的女孩运气都不会太差”，其实就是鼓励我们阳光一点，遇事别钻牛角尖。

每一个人都是不同的个体，是有区别的，如样貌、智商、出身……但面对成功的机会却又是相同的，关键就在于能否把握住机会。想要把握住机会，做生活中的胜者，就必须时刻挑战自我、战胜自我，成为情绪的主人，而非奴隶。唯有做到掌控情绪，才能主宰自己的人生。

本书从主宰自我情绪、感知他人情绪、掌控他人情绪三大方面对情绪进行了详细的讲解，通过理论和案例相结合的方式，深入浅出地对情绪进行全面剖析，让每一位读者都能从了解情绪到改变情绪，最后掌控情绪，成为情绪的主人。只有自如地操控好情绪，才能更好地驾驭人生，让自己绽放出绚烂的光彩。

目　录

第一部分

主宰自我情绪，做一个高情商的人

第一章　别让坏情绪，赶走好人缘

第二章　真正的社交达人，能很好地控制自己的情绪

第三章 用情绪感染他人，建立和谐人际关系

第二部分

感知他人情绪，掌握人际交往主动权

第四章 走进对方内心，拉近彼此的距离

第五章 识破他人表情，掌握人际交往主动权

第一部分

主宰自我情绪，做一个高情商的人

第一章　别让坏情绪，赶走好人缘

1. 情绪中的蝴蝶效应，小情绪酿成大灾祸

“一只蝴蝶在巴西扇动翅膀，导致了一个月后得克萨斯州的龙卷风。”这就是混沌学中著名的“蝴蝶效应”。情绪中的“蝴蝶效应”则是指如果我们不注意控制微小的不良情绪，最终很可能会酿成大灾祸。

情绪像疾病一样会传染，一个人的坏心情会在短时间内影响周边许多人，比身体疾病更具“杀伤力”。当坏情绪传染到一定阶段的时候，就会爆发出来，引发不良后果。比如，在一个家庭中，丈夫责怪妻子，妻子把怒气撒在孩子身上，就对孩子形成了伤害。孩子长期在争吵的环境中成长，性格会逐渐变得暴躁易怒，甚至在学校里打架斗殴，最后可能走上犯罪的道路。现实生活中，我们身边随时随地都在上演着“蝴蝶效应”。

贝贝从小就是一个聪敏可爱的孩子，人见人爱。可贝贝的家庭却并非是一个“可爱”的家庭。每当贝贝放学回家，看到的情景总是父母在家里不停地争吵，有时双方甚至会大打出手。而且，每次贝贝的妈妈被他爸爸狠揍一顿后，总是拿贝贝撒气。

有一回，贝贝的妈妈坐在客厅地上哭，贝贝看到后，想上去安慰一下妈妈，走过去说道：“妈妈，你怎么了，为什么哭啊？”

贝贝妈妈抬头看了贝贝一眼，立刻对贝贝骂道：“我哭什么你不知道吗？还不是你那个混账老爸。你也不是个省心的东西，要不是因为有你这个累赘，老娘早就和他离婚了……”

贝贝看到妈妈声嘶力竭地骂着、哭着，吓得一动都不敢动，站在原地呆呆地发愣。

从这以后，贝贝的性格变得内向，经常坐在座位上发呆，不和小朋友们玩。放学后，贝贝也不愿意回家，他不想看到爸爸和妈妈吵架，更不想成为他们的出气筒。

这样的日子过了一年又一年，贝贝逐渐长大了。贝贝每天不愿意回家，经常在街上溜达，结识了很多社会上的小混混。有一次，他在路上和一个陌生人擦肩而过，不小心发生了碰撞，虽然对方表示了歉意，但贝贝依旧不依不饶，骂对方瞎了眼，双方大打出手。贝贝因为下手过重，把对方打成重伤，不仅要赔偿大笔医药费，还因故意伤人进了看守所。

这就是“蝴蝶效应”。贝贝的父母因为脾气暴躁，情绪不好，把怒气牵连到孩子身上，导致聪敏可爱的贝贝变成了性格极其叛逆的孩子，最终因为对他人造成伤害，而毁了自己的人生。

现代社会中，人们的工作和生活压力越来越大，竞争也越来越激烈。这种紧绷的状态很容易导致情绪不稳定，很多人碰到一点不如意的事情就变得烦躁、愤怒，但是又不知道如何控制自己的情绪，很容易将坏情绪传染给身边的家人和同事。

曾经有人说过，如果不对情绪严加控制，反而过度地纵容，只会使自己变得日趋消沉。这就警示我们，不论在什么时候都要学会去控制自己的情绪，否则只会让蔓延的坏情绪破坏了自己本该美好的生活。

徐敏在某家首饰店做导购，每天都乘地铁去上班。

周一早晨，地铁上十分拥挤，徐敏出了地铁后，准备掏手机看时间，却发现手机不见了。她回想起在地铁口有个人挤了她一下，或许在那个时候被偷了，一想到自己买了还不到两周的手机就这样被偷了，就气不打一处来，暗暗发誓一定要把那个小偷找出来。

可是，路上到处都是人，该去哪里找呢？又怎么可能找得到呢？

徐敏一路上气愤不已，完全忘了要赶点上班，结果上班迟到了，关键是还被店长看到了，徐敏被批评了一顿，这让她原本郁闷的心情顿时更为沉重。没一会儿，店里来了一位顾客，他想看看玻璃柜里的一条金项链。

徐敏装作没听见，对此置之不理。那位顾客以为徐敏没听到自己说的话，又朝着徐敏大声招呼了一声。徐敏不耐烦地看了顾客一眼，没好气地大声嚷道：“你喊什么啊，不就是看项链吗？我给你拿就是了！”

徐敏这一吼，周围的几个同事都愣了，大家纷纷猜测徐敏今天到底是怎么了。顾客听后非常生气，直接反映到店长那里。结果，徐敏又被店长大骂了一顿，不仅要求她向顾客道歉，还要扣除她的工资。徐敏的这一顿臭脾气，差点把工作都弄丢了。

可见，如果一个人不懂得控制自己的情绪，就极其容易因为一些微不足道的原因而产生一些较大的情绪波动。情绪化的人往往具有这种特点，遇事不是大喜就是大悲，这样对一个人的身心并无好处，并且，如果这种坏情绪散播开来，还会影响到身边的其他人。

在现实生活中，为何有些人明明能力不错却平淡一生，无所成就？有些人苦苦奋斗却始终原地踏步，不见成效？其实，他们大多是因为心态失调，情绪不平，总受到坏情绪的误导，以致无法发挥出自己的真实水平，最终失败。

那么，我们该如何摆脱坏情绪呢？

首先，要时刻提醒自己别被琐事烦扰。在生活中，一定要学会理性控制自己的情绪，时常在内心告诫自己：“别生气，为这点小事不值得！”时刻提醒自己不为琐事烦恼，避免去想不开心的事，慢慢地就会懂得该如何控制情绪了。

其次，要学会包容一切。俗话说得好，海纳百川，有容乃大。包容是人生最大的智慧，每一位成功人士，都具有一颗包容的心。若能包容一切所不能容忍之事，那还有什么事能影响到自己的情绪呢？

最后，要找到合适的倾诉对象，把情绪发泄出去。每个人都会有委屈、烦闷、不愉快的时候，当你无法自我调节好情绪时，就要学会找到合适的倾诉对象，让情绪有所发泄。当然，这并非是鼓励大家把坏情绪转移给他人，而是让他人帮助你寻找调节坏情绪的方法。例如，向知己倾诉或者大哭一场。把内心的烦闷发泄出去，才有助于自己的身心健康。

芝麻小事，切勿烦忧；他日之事，也无须提前自寻苦恼。人活一世，应当有所追求，有所舍弃。尝试放宽心态，把每一件事情都看开一些，看得轻松一些，试着每天都让自己多一些快乐，那么情绪就会自然而然地掌控在自己的手中了。

2. 切莫得意忘形，小心乐极生悲

有位企业家曾说过这样一句话，当你在为自己的产品打开市场而感到兴奋时，永远不能超过5分钟，因为你要是因此得意的话，在第6分钟就会有人赶超你。

这句话从一种商业角度告诉我们，人不能因为一时取得的成绩得意忘形，如果一味张扬、炫耀，最终只会带来负面效应，要懂得适可而止。

相信大家都听过特洛伊木马的故事，在特洛伊人与希腊联军的战役中，双方均有胜负。后来，希腊联军得到别人的献计，表面上开始出现撤退的势头，留下一只大木马在城外，实际上却把精兵藏在马腹之中，且命令其余的主力军隐藏在附近。

特洛伊人一看敌军撤退，信以为真，于是将那只木马拖入城内，把它当作胜利的果实。

然而，让他们意想不到的事情发生了，就在他们为此举杯庆祝的时候，藏在木马中的精兵溜出来悄悄打开城门，与城外的主力部队里应外合，将特洛伊人彻底消灭了。

我们从这个故事中，可以得到一个宝贵的教训，就是胜利时不要高兴得太早，否则就会像特洛伊人一样，很快就面临失意。古人说："骁勇逞强必跌跤，虚怀若谷谦受益。"人们在取得阶段性胜利时，往往喜不自禁、忘乎所以，这是人类普遍存在的弱点。不能抑制骄傲自满的情绪，是其失败的原因之一。所以，当处境比较平顺的时候，尽管做任何事情都能如愿，也必须要懂得适当控制自己的情绪，这个很关键。

当上司提拔或嘉奖你的时候，你肯定会十分高兴。当然，这无可厚非，但你一定要记住，不能得意忘形。如果你仅仅因为取得的一点成就沾沾自喜、忘乎所以，那么你很可能就离失败不远了。要知道，人在得意的时候，往往比较容易放松警惕、卸下防备心，这时就会被他人利用，甚至遭到别人的致命一击。

一位高官特别喜欢在忙完公事以后和别人下棋，觉得自己的水平已经达到了国手的状态。一天，高官如同往日一样与他门下的食客对弈，食客刚走几步棋，就表现出一副咄咄逼人的气势。高官觉得自己遇上了劲敌，不一会儿，就被逼得心神大乱。食客看到这番情景，心生一计，故意露出一个破绽。高官见此，觉得自己有了反败为胜的机会，没想到食客使出了杀手锏，还得意扬扬地说了一番话。高官认为受到羞辱，带着心中的怒火离开了。平日里，高官是十分注重个人修养的，但面对食客得意忘形的神态和无礼的言辞，他实在无法容忍。那位食客一直也不明白为什么高官不再与他下棋。其实，高官本来是要提拔食客的，却因为这件事让他心生不快。最终，食客没有得到提拔，抑郁终生。

这个故事告诉我们，人处在顺境中，是极其容易得意忘形的，一旦出现这种现象，终会以悲剧收场。如同故事中的食客一样，因为得意忘形而与原本可以得到重用的机会擦肩而过。倘若食客在下棋的过程中能稍有谦逊，也不至于落得如此下场。

通常，人处于得意状态的时候，虚荣心会极度膨胀，完全无视别人的存在。然而，这种状态往往会给自己沉重一击。聪明人即便取得了阶段性成功也会选择不动声色，因为他们明白，一味地醉心于眼前的成绩只会阻碍自己的前进，很快会被他人赶超。只有保持平常心，稳步前行，再接再厉，才有可能取得最终的胜利。

人要懂得在得意的时候学会谦逊，这样内心才会获得平静。在职场亦是如此，当你取得成功的时候，一定要告诫自己，与职业规划相比，这不过是微乎其微的成绩，根本不值一提，不要因为一时的得意而让有心之人有机可乘，继而取而代之。如果高兴得太早，只会适得其反，甚至会功亏一篑。所以，得意时切莫高兴得太早，要有忧患意识，继续努力，砥砺前行，只有笑到最后的才是真正的胜利者。

3. 冲动是魔鬼，凡事要三思而后行

生活中，我们时常会遇到一些性格较为冲动的人，他们极易被他人所激怒，继而做出一些超乎想象的事情，一旦造成危害，后悔也为时已晚。倘若他们在面对事情的时候，能够把前因后果都在大脑中仔细地考虑清楚，再做决定，那么将会避免很多悲剧的发生。

桑德斯是一名海滩救生员，自幼在海边长大，水性非常好。作为一名新人，老队长对他十分器重。

有一次，海上突然刮起狂风，暴雨瞬间来袭，一名正在海里游泳的女游客的生命安全受到了威胁。就在千钧一发之际，桑德斯跳进海里，以最快的速度救回了女子。本以为他勇于救人的行为会受到队长的表彰，没想到队长严厉地责备了他，说他这样不仅不能保证女游客的生命安全，甚至可能会搭上自己的性命。这次救援成功纯属运气好，一名专业的救生员是不会有这种表现的。

桑德斯觉得自己很委屈，明明完成了任务却受到无端的指责。于是他气愤地把自己的装备和获奖证书扔在队长面前，说自己不干了，头也不回地走了。

从那里离开之后，桑德斯每天颓废度日，他向往大海、向往他的职业，但一直都没有找到一份合适的工作，过着潦倒的日子。

有一天，他遇到了以前的队长，在聊天的过程中，才得知当年队长之所以严厉地批评他，是因为不希望他在救人的过程中出现危险，同时也是因为器重他，想让他做得更好，将来做接班人去救更多的人。

桑德斯听完，心中既遗憾又懊恼，都怪自己当初太冲动，不理解队长的良苦用心，现在为时已晚。

可见，冲动并不会给我们带来什么好处，相反，会让我们情绪失控，无法对现实生活中发生的事作出理性的判断。

因此，想要化解冲动，应该做到以下三点。第一，学会适当地忍耐和克制。如果遭到别人的冒犯，必须控制好自己的情绪，不能在情绪失控的状态下随意做决定。第二，学会理性思考。一旦出现不和谐的局面，一定要冷静分析，考虑自己出现的问题，不能把问题全推到别人身上，尽量在平静的状态下去解决问题。第三，学会包容理解、谦虚礼让。有时候，很多纷争实际上是由一些小摩擦引起的。平和的沟通、诚挚的歉意或是一个谅解的微笑，都会缓解这种紧张的局面。

前世界拳王泰森在他20多岁时，只用短短的18个月就轻松拿下了三大重量级拳王的金腰带。他开始获得财富，受到全世界粉丝的热烈追捧，还有很多国家的领导人都亲自接见了他。

然而，眼前拥有的一切让他开始变得膨胀，他犯下强奸罪，被判入狱3年，又因为暴力、吸毒等问题不断出入在法庭和牢狱之间。后来，又因一些摩擦在一场比赛中咬伤了前拳王霍利菲尔德的耳朵。他成为“臭名昭著”的代名词。

破产之后，泰森为了生计不得已做了很多工作。如今的他，回忆起往事，说自己当时脾气差、爱冲动，但现在正努力使自己学会克制和忍耐，输赢对他毫无意义，他只想一直陪伴自己的家人。

俗话说，浪子回头金不换。像泰森这样一个极具争议的人物，都能通过自己的努力克制住冲动，让自己变得平和理智，我们又有何做不到的呢？

聪明的人能够控制自己的情绪，而愚蠢的人则常常会被自己的情绪所控制。所谓成功，就是能突破心理障碍，控制住自己的冲动，不在失去理智的情况下做决定。

要想获得成功，就必须突破冲动的障碍，懂得如何避免冲动的发生。首先，学会躲避，远离冲动现场。当人处于情绪冲动的情况下，大脑皮层会出现一个强烈的兴奋点，并不断向四周蔓延。想要远离冲动就必须避免这个兴奋点蔓延，避免失去理智，要有意识地学会转移兴奋点，这就是所谓的眼不见心不烦。其次，懂得忍耐，才是控制情绪的强者。忍一时风平浪静，要做一个理智的人，面对矛盾要用更加宽容的心去对待。和别人发生争执时，在自己还没有失去理智之前，先考虑清楚为何会与对方争吵，问题是否在自己身上。若是持续争执，一旦失去理智，冲动的后果自己是否能够承受？这样冷静地去思考问题，就可以迅速将自己从冲动的边缘拉回来。最后，要寻找更好的避免冲突的方法。理清思路，想明白与对方发生冲突的主要原因是什么？双方产生分歧的关键在哪里？什么样的解决方式能让双方都接受？想明白这些事情，自然就能找到最佳的解决方式，避免冲动的升级。

4. 哪里有怒气，哪里就有冲突

《武林外传》中郭芙蓉有一句这样的经典台词，“世界如此美妙，我却如此暴躁，这样不好，不好”。英国前首相丘吉尔曾经说过：“生气就是拿别人的错误来惩罚自己。”愤怒更多的时候是无能的表达，往往会挑起更大的冲突，激化矛盾，给我们的人际交往带来极大的不便。

退一步，则海阔天空；不动怒，便可收获更多。然而，身处这个变化多端的世界，每个人都会遇到各种不可避免的情况导致怒气横生，比如，感到挫败，受到屈辱或者与他人发生矛盾等，都会产生一些怒气。但如果不懂得控制心中的怒火，一味地让怒气爆发，为了发泄而冲动行事，就有可能让事情变得更糟，甚至造成不可挽回的后果。

发怒是一种极其不理智的行为，但这种行为在生活中普遍存在。

很多时候，我们会因为一些无足挂齿的小事而产生怒气，尤其是面对自己最亲近的人。事实上，生完气过一会儿冷静下来之后，你就会发现这些小事根本不值得你为此伤害自己最亲近的人。即便事后你向他们道歉，也难以弥补对他们造成的伤害。

所以，在生活中，让怒气少一点，包容多一点，在减少冲突的过程中，进一步促进彼此之间的感情。当然，如果避免不了怒气的产生，就要尽力学会控制自己的情绪，让自己转移注意力，慢慢消气。

或许是因为家人太过纵容，李绍刚从小便脾气火爆。但凡遇到不满意的事，他都怒气冲冲，对周围人乱发脾气，动口动手。因为他的坏脾气，曾多次闯祸，父母曾试图想要纠正李绍刚的性格，但效果不佳。

随着年龄的增长，李绍刚的脾气没有缓和，反而越发暴躁。但凡被人惹恼，无论他人是有意或无意，李绍刚都会做出过激的反应，甚至直接动手。知晓他性格的人，都会对他避而远之。

因工作需要，李绍刚需要考取驾照。在练车的过程中，教练多次批评教导李绍刚，起初他还能忍着教练的斥责，次数多了，便直接跟教练起了冲突，教练再也不肯教他了。驾校负责人虽对两人进行了调解，却没能解决问题，负责人不得已为李绍刚换了一个教练。由于李绍刚的臭脾气一点就着，很快又与新教练发生了口角，盛怒之下，二人大打出手。新教练受伤住进了医院，而医药费自然由李绍刚赔偿。驾校最终不愿再教李绍刚，把考取驾照的费用如数退回，李绍刚的工作也因此落空。

克雷洛夫曾说过："坏事情一学会，早年沾染的恶习，从此就会在所有的行为中显现出来。无论是说话还是行动上的毛病，三岁至老，六十不改。"李绍刚就是因为从小养成了暴脾气，没有及时纠正，于是在长大之后变本加厉。如果在考驾照的过程中，他能稍微收敛一下自己的坏脾气，也不至于落得以失败收场。脾气暴躁的人，无论做什么事情都很难获得成功。

可见，如果从小有暴脾气而不及时改正，那么可能会埋下隐患甚至走入歧途。因为怒气是冲突的导火索，哪里有怒气，哪里就会有冲突，脾气暴躁、容易动怒之人，总有一天将自食恶果。

欧玛尔是英国历史上唯一留名至今的剑手。他有一个势均力敌的对手，彼此斗了30 年不分胜负。一次在决斗过程中，对手不小心从马上摔下来，看到机会的欧玛尔持剑跳到他身上，在短短一秒钟内就可以杀死他。但是，这时对手突然冲他脸上吐了一口唾沫。欧玛尔立即停手，说明天再打。对手一脸糊涂。

欧玛尔解释说，30年来，我一直都在修炼自己，之所以能够一直拥有常胜不败的状态，是因为我保持让自己不带一点怒气地作战，你向我吐唾沫的瞬间，我动怒了，杀死你并不会找到胜利的感觉，我们明天再重新开始吧。结果，这场战斗并没有重新开始，因为欧玛尔的对手变成了他的学生，向他学习不带怒气作战。

生活中，即使出现再多的不公，也要掌控好自己的情绪，让自己冷静下来。因为愤怒，会使一个人的自制力降为零，极易做出无法挽回的事情。因此，在发怒时，我们可以先将问题搁置，待恢复理智之后再进行处理，就可以减少犯错的可能。

我们应当做一个心胸开阔之人，凡事懂得控制情绪，适当退步，尽量减少怒气的发生，避免造成冲突，带来不必要的麻烦。

5. 抱怨让你的人生一片阴霾

现代社会，生活节奏的加快让每个人都变得既忙碌又辛苦。很多人都在抱怨：起床太匆忙，挤车太痛苦，道路太拥堵，时间太紧迫……日复一日。

如果你整日都在为这些小事而纠结，那么将很难得到发自内心的快乐。你之所以会抱怨，是因为你的内心只关注了痛苦，并将痛苦无限放大，最终让你的生活布满阴霾。当你学会放宽心，并用一颗积极寻找快乐的心去对待生活时，你会发现，快乐时时都包围着你。

派克市场是美国西雅图市的一个特殊市场，之所以这么说，是因为这里跟一般市场不同——市场尽头的鱼摊前充满了快乐，许多顾客都认为，到这买鱼是一种快乐的享受。

原来，鱼贩们的脸上总是挂满了笑容。即使每天干着十分繁重的活，身处鱼腥味浓重的环境中，可这丝毫影响不到他们。不仅如此，他们都有一副好身手，有生意的时候，他们工作起来就像是马戏团的演员在表演一样。虽然靠近海边，气温比较低，但是，鱼摊透出的活力温暖了这里。

这天，一位自称是来自威斯康星州的游客选中了一条三文鱼。这名鱼贩像往常一样，先是淡定地站在原地，然后抓起鱼直接扔向了身后的柜台，还一边喊着说，这条三文鱼要飞到威斯康星州去了。

只见这时，柜台后的另一名鱼贩笑脸相迎，用很利索的身手接住了飞来的鱼，还大声地喊了一句，这条三文鱼飞到威斯康星州了，说时迟那时快，鱼已经被打包好了。

鱼贩们的动作一气呵成，引来围观者的齐声欢呼。大家在悦耳的笑声中买了鱼满意地离去了。

这些都是发生在派克鱼摊再熟悉不过的场景。其实，派克鱼摊与其他市场上的鱼摊相比，并不出众，可是它拥有的魅力到底是从哪儿来的呢？它是如何吸引这么多顾客的？

一位记者专门来到这里，对这里的鱼贩进行采访。当鱼贩们被问到为什么每天待在这种充满鱼腥味的地方工作，还能保持这么愉快的心情时，他们其中的一名鱼贩给出了这样的回答：几年前，鱼摊面临破产，大家忍不住每天抱怨，于是有人提了个建议，与其每天在这里抱怨，还不如在破产之前对工作的品质进行改善。接下来的工作过程中，我们开始发现不管是对自己还是对顾客而言，快乐都显得那么重要。

从此，大家不再抱怨了，把卖鱼当成一种充满艺术的生活，后来又相继创造出了“飞鱼表演”。无论哪一天，只要有顾客光临，我们都会亲切地与他们交谈，并为他们表演，慢慢地我们在工作过程中寻找到了快乐。

时间一长，这种欢乐的工作气氛还进一步影响了附近的居民，他们经常到这儿来跟鱼贩聊天，感受鱼贩的好心情。后来，竟然还有不少的企业主管专程跑到这里，向鱼贩学习快乐的工作方法。

美国石油大王洛克菲勒曾这样说过，如果你认为工作是一种乐趣，那么你度过的人生就是天堂；如果你认为工作是一种义务，那么你度过的人生就是地狱。可见，一个人能否获得快乐，完全取决于个人内心的选择。这和你是谁、你身处的环境都没关系，只要你坚持用寻找乐趣的心去面对，就会享受到好心情。

大学毕业后，林晓可曾试着做了很多不同种类的工作。现在，她在一家育儿网站做网络编辑。

因为自身一直爱好文学，又非常喜欢小孩子，所以她对这份工作十分满意。在工作过程中，她经常跟准妈妈们耐心地交流，在组织现场活动时跟一群可爱的宝宝互动做游戏。

公司有时候需要加班，但是对于林晓可而言，她丝毫没有半句怨言。她经常会跟同学提起自己的工作，觉得自己在这份工作中不仅能够学到很多育儿知识，也认识了不少的朋友。

相比之下，单位里其他几个有梦想的大学毕业生，他们在从事网络编辑的工作之后，觉得每天都重复做同样的事情十分枯燥，毫无新意可言。因为理想与现实的巨大差距，他们的心理无法达到平衡，始终牢骚满腹，最后不得不离开了。

一个人，若是对工作抱有很大的热情，那么他就会感受到其中的乐趣；否则，就会相反。比尔·盖茨曾说，要是只把工作当成一件差事去完成或者只把目光停留在工作本身，即使你很喜欢这份工作，那也不会保持长久的热情。

不论是对待工作还是生活，我们都不应该持有一种抱怨的心态。虽然不抱怨，不一定会成功；但是如果满腹抱怨，是一定不会成功的。抱怨就像是敌人一样，会对我们的工作和事业形成一定的阻碍，因此，必须及时“铲除”。

一旦在生活中遭遇困难和挫折，不能怨天尤人，也不能临阵退缩，而是应该调整好自己的心态，积极乐观地勇敢去面对，就一定能从灰暗走向光明。对工作和生活充满热情，积极感受工作和生活带来的快乐，你就能成为一个快乐的人。

第二章　真正的社交达人，能很好地控制自己的情绪

1. 没有哪个人，愿意当情绪的垃圾桶

每个人身上都带有一种能量，或正或负。正能量代表了健康、积极与乐观，拥有正能量的人，他们身上会散发一种魅力。无论他们处于何种地位，从事何种职业，他们总能成为大家的焦点，给人以阳光般的生机与温暖。正能量是可以传递的，与这样的人交往，会潜移默化地受到他们的影响，令你被快乐向上的情绪所感染。和正能量的人交往，能让自己忘记不愉快，始终相信生活是美好的。

负能量的人，则恰恰相反。他们遇到问题，便满腹牢骚、抱怨不休，不会反思自己的过错，而是把责任推卸给他人。负能量的人是生活的悲观者，他们总是习惯看到事物的消极面，一味地宣泄对人、对事、对世道的愤懑，只看得到人情的凉薄与社会的不公。长期与负能量的人相处，会影响你的心境，即便你有足够的意志力，也会受到负能量的感染。

张萌萌与李晓慧是在参加一次社会公益活动时认识的，李晓慧直爽的性格让张萌萌对她心生好感，两人在活动期间也很聊得来，之后便一直保持着联系。由于两人所在公司的距离较远，张萌萌平时又比较忙，两人多半都是电话联系，一般都是李晓慧打电话过来。李晓慧很会聊天，没有一个小时是不会挂电话的。张萌萌把李晓慧当作好朋友，即使有时自己很忙，也还是尽量抽出时间接电话。李晓慧在电话那头说个不停，多半是生活里七七八八的小事，张萌萌大多时候扮演着倾听者的角色，偶尔附和一两句。

日子久了，张萌萌便发现李晓慧每次说话的内容都相似。抱怨上司给自己安排了难度很大的任务，抱怨同事明明工作能力不如她却升职了，抱怨公司的饭菜不合胃口，抱怨出门时没带伞下班后下雨了，抱怨邻居家的狗整夜吠让她不能好好休息。李晓慧不停叹着气，张萌萌每次都安慰她，并心疼她的遭遇。

与好朋友分享快乐与不悦本是极其正常的，但随着两人相处的时间越来越久，张萌萌便有些招架无力了。李晓慧不停地抱怨，张萌萌每次都需要用恰当的语气，找寻合适的词语来安慰她。后来，张萌萌搜刮了脑海中的一切词汇，却发现组不成新的句子。张萌萌不可能每次都用同样的话语来劝慰李晓慧，当她实在不知道该回一句什么样的话时，感到很是尴尬。不能敷衍，不能保持沉默，面对李晓慧的抱怨，张萌萌终归是束手无策了。

当张萌萌的同事问她最近是否遇到困难了，因为看她最近的脸色很差，张萌萌这才被同事的话语所惊醒。她并没有遇到困难，不过是受到了李晓慧的影响。李晓慧受到委屈时，会在半夜给她打电话，听完李晓慧的哭诉，张萌萌心情也不好，还得安慰李晓慧。张萌萌晚上没能休息好，自然影响到了第二天的工作。李晓慧不停地与张萌萌诉苦，控诉着这个世界，潜移默化，张萌萌看待事情的角度也变得越发愤然与悲观。李晓慧就像一个负能量源，不断地向她传输负面情绪，张萌萌在不知不觉中被负面情绪感染，心态也变得消极。张萌萌反思后，便开始疏远李晓慧。两人的感情慢慢淡化，直至李晓慧不再联系张萌萌。张萌萌却不后悔，如今的她又变回了那个积极乐观的张萌萌。李晓慧还是一股脑地控诉这个世界，只不过诉说的对象不再是张萌萌。

适当地向朋友诉说自己的烦恼和坏情绪，从朋友处得到安慰和宽解，这本是无可厚非的事情。但是，我们不能将朋友当作宣泄不良情绪的垃圾桶，随意倾倒自己的负面情绪，让自己的负面情绪影响到朋友。正所谓“近朱者赤，近墨者黑”，选择与积极乐观的人相处，生活便会锦上添花；选择与悲观抱怨的人相处，生活便是一团乱麻。我们要坚决抵制负能量，让自己成为正能量的传播者。如果你对自己缺乏信心，那就多与积极乐观的人交往，以诚相待，时间久了，你就会发现自己也会变得快乐起来。

生活中，我们要学会控制自己的情绪，不要将负面情绪传染给别人，不要让别人成为你情绪的垃圾桶。要做一个充满正能量的人，成为一个能给别人带来快乐的人。

2. 化悲愤为动力，实现人生蜕变

情绪其实是一种驱动力，当遇到不平时，有些人选择积极面对，化悲愤为动力，有些人则选择消极面对，将抱怨作为情绪发泄的出口。选择积极面对，困难往往都会迎刃而解；而选择消极面对，不仅解决不了问题，还会平添自己的负面情绪，让内心更加不满。只有正面面对问题，化悲愤为动力，才能更好地解决问题，达到目的，最终实现人生蜕变。

当你做某一件事情的时候，情绪高涨时，即便有人恶意搞破坏，你也能积极地去做，用结果来证明自己；而情绪低落时，自身便会对这件事厌恶、反感、排斥，甚至想要逃避。其实，当你自觉地把负面情绪转化成动力时，你就能很好地去面对和处理问题。

第一次世界大战期间，在法国的十余万华工需要人服务与协助，

刚从耶鲁大学毕业的晏阳初立即报名参加了美国青年会战时活动，前往法国帮助华工。

为了争取战争的胜利，在法华工不辞辛劳地努力工作。然而他们远离故国亲人，思念家人却不能与之联系，甚感痛苦。晏阳初了解了这种情况后决定帮助他们。当时电话使用率极低，一般靠书信传递信息。但这些华工几乎都不识字，晏阳初只能代他们写家书。由于华工太多，晏阳初经常熬夜写到天明。

一天，一位外国友人来访，看到晏阳初坐在信纸堆里写个不停，不禁揶揄道："你们华工一字不识，纯粹是一群苦力。"

友人话语中对华工的轻视和讽刺让晏阳初非常生气，却无力反驳。华工每天工作10个小时以上，的确是苦力，但是他们是为了人类的和平而工作，值得让人敬重。晏阳初忍下怒气，决心要改变外国人对华工的看法。经过观察，晏阳初发现华工极具学习潜能，便决定教导他们读书识字。

在行动之初晏阳初就遇到了难题。首先是课本问题。作为国人入学启蒙的《三字经》显然不适合作为华工的教材。经过对华工多次走访，晏阳初从中文字典与国内报纸杂志常见的文字中选出一些单字片语，再结合华工日常用语习惯，最终挑出一千余字作为基本教材。其次是招生问题。大部分华工对于晏阳初开办的读书识字课堂并不看好，即使晏阳初多番游说，最初也只有40人参加。4个月后，完成学业的40人就能用一千多字自行写家书了。这时，其他华工开始踊跃报名参加。晏阳初还把已经受过教育的华工分派去教导其他学员，有效地利用了人力资源。

晏阳初本着一颗为劳苦大众服务的心，采取治本的恰当方式，通过开设教华工读书识字课堂，大大增加了他们的识字率，使华工不但能够自行书写家书，而且提升了他们的自信心，也让外国人对华工刮目相看。回国后，晏阳初也对国内农民的低水平教育进行了改造。他最终成了中国著名的平民教育家及乡村建设家。

生活中，你可能会遭遇他人的无端嘲讽或打击，这个时候发泄情绪并非是明智的选择。我们无须逞一时之快，应该将不满的情绪转变成自己前进的动力，你会发现自己在逆境中成长得更加迅速，你离目标又更近了一步。晏阳初在意友人对华工的嘲笑，但他没有把不满情绪直接发泄出来，而是化愤怒为动力，找出解决难题的根本方法，不畏艰辛，最终获得了友人的尊敬，也成就了自己的事业。

情绪其实可以成为你的武器，关键取决于你的态度。若能懂得控制自己的情绪，化悲愤为动力，那么最终你会成为生活的主宰。每个人的想法不一，你虽然不能阻止他人对你的态度，但可以用行动来证明自己，用结果来改变他人的看法。

3. 装出好心情，控制你的坏情绪

当你心情郁闷，感到喘不过气的时候，不要一味地压抑自己，大声喊一喊、用力跺跺脚，或者抱头痛哭一场，将内心的苦闷宣泄出来，心情就会有所好转。

还有一种控制坏情绪的方法，叫“装”出好心情。当你感到情绪低落时，可以给自己一个心理暗示，告诉自己心情很好。最终，你原本只是装出来的好心情会变成真实的感受，在不知不觉间就忘记了坏情绪。这种通过“装”获得真实的好心情，就是一种有效控制坏情绪的方法。“装”出好心情是放松身心、从消极转向积极的最有效的方法之一。

丹丹今年25岁，但是在她身上看不出属于年轻人的青春活力，眉头紧锁，声音低沉，一副萎靡不振的样子。这种状态持续了好几天。

这一天，丹丹坐电梯的时候正好遇上了一位在公司大厦做保安的师傅，师傅看到丹丹一副愁眉苦脸的模样，便问她怎么了，遇到了什么不顺心的事，丹丹随意地回复了几句，说自己就是心情不好而已。

听完丹丹的回答，师傅边笑边说道："不是什么大问题就好，我可以告诉你一个诀窍，能让你以后保持一个好心情。以后不管遇到什么难事，你都要在心里对自己说，我很开心。即便不开心，也要装得开心，这样你就会在自己的主动带动下变得开心起来。"丹丹一脸迟疑地看着师傅，什么也没说。

下班以后，丹丹回到家，本来打算好好休息，结果看到房间被她的表弟搞得一团糟，就连她最喜欢的香水也洒得到处都是，她刚要发火，突然想起在电梯里师傅教给她的诀窍，于是她在心里对自己说，我很开心，现在发生的都是小事，我要保持好心情。一开始，丹丹觉得自己像神经病，接着，她发现这种方式好像还真管用，似乎没有刚才那么生气了。

从那之后，只要遇到不开心的事，丹丹都会在心里默默地念叨几句。后来，她发现，其实一个人心情的好与坏，和最初的情绪选择有很大的关系。所以心情不好的时候，装一下心情很好，会真的好起来。

丹丹之所以能够摆脱萎靡不振的生活，拥有好心情，最关键的一点就是她学会了"装"出好心情。无论是在工作中，还是在生活中，都可以利用"装"出好心情来获得真正的好心情。

如果一个人能让自己在不快乐的时候依然保持迷人的微笑，那么他一定是生活的智者。因为能够让自己变得快乐也是一种能力。为什么会有很多人喜欢“阿庆嫂”，却很少有人会喜欢“祥林嫂”，归根结底是因为，每一个人都需要一种积极、阳光的心态去面对他的生活。

世界是公平的，没有人会永远事事顺遂，跌跌撞撞才是真正的人生。虽然生活中少不了波折和烦恼，但只要我们懂得调整自己的心态，就能让自己快乐如初。那么，好心情怎么去“装”呢？首先，学会适当地运用假笑疗法。感觉自己生气时，对着镜子努力挤出笑容，这样持续几分钟之后，你的心情就会慢慢变得好起来。相关实验证明，适当地假笑不但能够触动体内的横膈膜，而且还具有很好的热身效应。假笑时，体内的横膈膜会将假笑引发成真笑。不知不觉中，你就会由衷地发出笑声了。其次，学会转变角度思考问题。很多坏心情都是钻牛角尖造成的，当你心情不好的时候就尝试着换个角度来思考，或许就会有不同的看法和收获。最后，当我们感到烦恼的时候，不妨多回忆一些愉快的事情，用美好的回忆填满内心，溢在脸上，就能“装”出好心情。

4. 接纳自己的不完美，莫要成为崩溃的黑天鹅

大家是否听过一种症状，叫作“不完美焦虑症”？其实，有的人之所以出现这种症状，主要是因为他长期生活在一种过度追求完美的状态中，因为不想失败，他们就将目标和标准定得接近完美。但是，这并不是一件好事，因为把“追求完美”当成一种习惯，注意力就会集中在担心不能完美地实现自己的目标上面，不断地胡思乱想，甚至出现疑神疑鬼的现象。所以，心理学称之为“消极完美主义”。

之所以出现了“消极完美主义”这种思维方式，其主要目的是进一步保护自己，总是害怕因为自身的缺陷会得不到来自别人的尊重，从而思维进入死角，不断循环。这样的人，往往会因为过于看重某个问题而错过更多值得关注的东西，因此，这种观念是不被提倡的。虽然，大多数的“消极完美主义者”能够在自己所关注的领域取得一些不错的成就，但是，有时候，他们为了过于追求完美和极致，很容易

走向极端。正所谓物极必反，凡事太过极端就容易让原本可以做得很好的事情变得糟糕。

2010年，达伦·阿伦诺夫斯基执导的《黑天鹅》这部影片中，女主角妮娜是一名非常出色的芭蕾舞演员，她在舞台上的发挥堪称完美。一次，她在一场盛大的演出中好不容易争取到天鹅皇后的角色，但是被要求同时饰演两种对立的角色，一个是纯真无瑕的白天鹅，一个是魅惑邪恶的黑天鹅。这对于一直以来都极力追求完美的妮娜而言，简直是巨大的挑战，因为她可以淋漓尽致地去演绎白天鹅，但是难以接受黑天鹅的邪恶。导演知道这种情况以后，劝导她尽量放轻松，把自己释放出来。可是她只要一想到自己与“邪恶”“黑暗”等词汇联系在一起，就会觉得焦虑，为此，她总虐待自己。

为了能完美的诠释黑天鹅自身具有的特性，妮娜几乎到了精神崩溃的地步。

在她不断地煎熬与苦练之后，她终于做到了，她能在舞台上尽情地释放自己，时而是美丽无瑕的白天鹅，时而会变身为一只妖艳又魅惑的黑天鹅，她的这番辛苦也得到了导演的极力肯定与赞赏。

可是，对于妮娜自身而言，她并不满足自己的这种状态，她觉得自己还不是很优秀，开始对周围的人产生各种猜忌。她总认为她的竞争对手正在暗地里进行着一场巨大的阴谋，这样才能把她天鹅皇后的角色抢走，所以她对自己说，这个时候更不能出现一点差错，否则那个竞争对手就会取而代之。因此，她对自己的要求越发的严格，几乎到了一种疯狂的地步。就这样，高强度的训练及追求完美让她处于精神错乱的状态，她最终在幻觉与妄想的世界中沦陷了。

影片的尾声，妮娜的表演虽然已经达到了巅峰状态，把白天鹅与黑天鹅这两种截然不同的角色演绎得淋漓尽致，但是妮娜也为此付出了沉痛的代价，她患上了严重的幻想症，最后昏死在了舞台上。

其实，不仅仅是影片，在现实生活中也到处存在像妮娜这种过度追求完美的名人，例如大家熟知的张国荣、三岛由纪夫、茨威格等人。他们曾是所在领域最耀眼的明星，在事业发展到巅峰阶段却走了下坡路，直至最终毁灭。这就是极力追求完美才促使这种悲剧发生的。

有时候，做到尽善尽美其实是一件好事，但是任何事都要把握一定的度，否则会过犹不及。如果过度的追求事物的完美，那么就会在很大程度上使人的心理处于一种失衡状态，引发严重的焦虑症。换个角度来说，他们所追求的完美主义已经失去了“完美”本身所带来的积极意义，在一定程度上被他们逐渐地变成了一把充满黑暗的枷锁。“不完美焦虑症”的具体表现就是过度谨慎、害怕出错、过分在意细节和讲究计划性等，对于他人的评价表现得过于敏感。

德国大文学家歌德曾说：“谁若游戏人生，他就一事无成，谁不能主宰自己，永远是一个奴隶。”普通人通常不会对自己设立很高的标准，因为自控能力不足，所以想要进一步实现自己既定的人生目标，是有一定难度的，想要获得家庭的幸福和事业上的成功也不是很轻松。这样一来，他的情绪就极易受到外来因素的干扰，最终使其具体的行为朝着人生的反方向行驶，因此也不能苛求自己，接纳自己的不完美。

所以，应该明白一点，无论是什么都会有瑕疵，世间万物没有什么是绝对的，都是处于一种相对状态，人也是一样。

5. 加强运动，为情绪排排毒

生活中，每个人都存在大大小小的压力，或来自家庭，或来自工作，慢慢累积起来就容易造成慢性疲劳。压力过大会给生活带来很多负面情绪，也会引起很多心理疾病，我们要学会给自己减压，为情绪排排毒。运动就是一个不错的减压方法。

大学毕业之后，林强在一家互联网公司做编程。每天都在敲代码、处理数据，林强经常会觉得头昏脑涨，紧张焦虑，慢慢地产生了压力！

林强每天都觉得很烦闷，就在论坛上发表了自己的抱怨，希望得到大家的安慰和理解！可是事情并不是他设想的那样，跟着他的抱怨，论坛里越来越多的人也开始抱怨，这不但没有帮助他，反而让他心里更加郁闷！

一次偶然的机会，林强遇到了自己的老同学阿伦，在得知他的困惑之后，阿伦哈哈大笑说："按照我说的做，绝对会让你轻松很多，不信你就试试！那就是多运动，多参加体育锻炼，在运动中忘掉烦恼，缓解心中的压力！"后来，一有机会林强就和朋友们跑步、划船、游泳、登山。慢慢地，因为运动大汗淋漓，心里感到畅快多了！在林强的带动下，身边的人都慢慢地喜欢上了运动，公司里不再死气沉沉，也没有了烦恼和抱怨，心中的压力少了很多，工作效率也提高了！

适当地运动，能够让生命充满活力。尤其现在的大都市，总是弥漫着节奏紧张的生活气息。激烈的社会竞争，使人们不得不整天都处于忙碌的工作、学习、人际交往和家庭事务之中，因此没有足够的时间去运动健身。加上城市交通工具发达，出门有代步工具，上楼有免去爬楼的电梯，导致人们忽略了运动健身的重要性。

当你感到烦躁或郁闷的时候，切记不要去做任何伤害自己或者他人的举动，这样解决不了问题。不如尝试通过运动的方法来帮助自己消除烦闷。

澳大利亚新英格兰大学的科学家特意做过一组实验，进一步证明有氧运动可以在很大程度上减轻心理紧张、情绪倦怠等症状。

他们先是将被试者分成三组：第一组主要进行有氧方面的训练，第二组则集中进行无氧力量的训练，第三组始终保持一种静止的状态。

就这样，在持续一段时间之后，分别检测各组被试者身体指标，发现前两组被试者都不同程度地提升了个人成就感和幸福感，他们的知觉压力都有所降低。特别是第一组进行有氧运动的被试者，不论是在降低心理压力还是在情绪衰竭等方面表现得都尤为突出。

可见，跑步等运动方式真的能够使情绪得到释放，这对于那些有生活压力和情绪困扰的人而言，简直就像一支兴奋剂。

运动的方式有很多，我们可以选择一项自己喜欢的方式来排解压力，调节心情。第一，散步或慢跑。散步或慢跑是一种强身健体的好方法，可以使自己保持一个玩耍的心态去运动，沿途欣赏风景，呼吸新鲜空气。适当地跑一跑，会让人感受到前所未有的轻松。第二，健身房健身。健身房是一个运动气氛很浓的地方，可以在健身的同时和大家一起聊聊天，谈谈心得，不仅能够释放体内的坏情绪，还能从交流中得到启发。第三，游泳。游泳的好处不仅仅是强身健体，还能从水中看世界，感受水流温柔地流动，也是一种不错的体验。第四，球类运动。篮球、排球、羽毛球、乒乓球、足球……数不胜数，选择一项自己喜欢的，在挥汗的过程中释放自己。

运动不仅能够强身健体，还能让心情变得放松、愉悦。当你心烦意乱、心情压抑时，不妨适当的做一做运动，转换好心情。

6. 给失控的情绪一个宣泄口

当一个人长期压抑自己内心的压力和负面情绪时，容易导致身体免疫力下降，内脏功能失调，诱发多种疾病，同时，对心理健康也会造成极大的危害。20世纪70年代，美国科研机构特意发明了一种非药物治疗的心理疗法——宣泄法，来解决这类问题。宣泄法在很大程度上能够积极地鼓励人们用合适的方式把心中的焦虑、忧郁和痛苦宣泄出来，使身心恢复平衡。

在消除不良情绪的众多方法中，宣泄法的效果十分显著，这都取决于它自身的特点：简捷、易操作、收效迅速。而且这种方法对于那些情绪变化剧烈、心理敏感的人来说，比较容易接受。何为宣泄？宣泄实际上就是对负面情绪进行排解和释放的过程。如果一个人因来自生活的压力或自身的经历，长期生活在痛苦之中，都应该通过适当的方式排解和疏导，只有这样才能维持人健康的正常生活。

在现实生活中，可以通过很多方法来扫除心中的积郁。有时候好好地痛哭一场，也能把心中的烦恼和不良情绪都随着眼泪排出来，相当于是给自己的心灵做一次排毒。

荷兰的科学家们通过相关的试验发现，观看悲情电影对人们缓解压力和负面情绪效果更显著，比如《忠犬八公》《美丽人生》。

观影者往往会被影片中的某些悲伤的情节触动，流泪不止。在这短短的90分钟后，人们的情绪状态会受影响有所下降，不过也属于正常现象，这是电影情节过于悲伤的缘故。不久，他们之前的情绪很快就会得到恢复，而且要比观影之前的状态好很多。

从生理角度来说，人哭泣的时候会随之排出一些精神压力产生的毒素，同时人脑中会相应地产生对提高兴奋度有益的化合物。从心理角度来说，哭泣不仅能慰藉人的心灵，还能释放情绪。通过与电影中那些极度悲伤的情节对比，人们更能体会到自己所处的现实生活中有如此之多的美好，更容易产生一种幸福的感觉。

除了观看悲情电影，在情绪不佳的时候还可以向身边的亲人或是朋友倾诉。因为人的情绪一旦低落，就会钻死角，对于生活中的一些真实情况难以分辨，这个时候别人的意见就会十分重要。

20世纪60年代，乡村歌手兼作曲家丹·艾基拉在刚出道不久，就受到了双重的打击。先是与相恋多年的情人分手，紧接着他的音乐会也遭到了评论家们的极度不满。面对这么多的突发事件，他被整得有点不知所措。一次偶然的机会，他终于深刻地意识到了自己的处境。

那天，丹·艾基拉从一所酒吧走出来的时候，遇到了镇上的安德鲁——一个疯子。虽然和丹·艾基拉是邻居，但是他们只有在见面的时候礼貌地打个招呼，从来都没有坐到一起认真地聊聊天。安德鲁的造型独特，总是顶着一头乱蓬蓬的头发，留着一撮奇怪的胡子，成天一副疯癫的模样，简直和一只兔子一样。看到丹·艾基拉走了过来，安德鲁说要和他谈一谈，因为看他最近的状态不对。

于是，丹·艾基拉就把最近发生在自己身上的事情都告诉了安德鲁。安德鲁听后，让他24小时内随时都可以来找自己，但若是安德鲁超过两天的时间见不到他，那么安德鲁就会亲自去找他。

丹·艾基拉从第二天开始，连续两个多星期，几乎每天都会抽出时间去安德鲁的家中坐一会儿。一天，安德鲁说要给丹·艾基拉安排一个任务，而且必须要完成它。任务是回家之后，把自己的房子重新粉刷一遍，不论用哪种颜色都可以，只要对原来的环境进行一下整体的改变，就当是送给自己的一份礼物，而且在最后，安德鲁笑着建议丹·艾基拉最好用黑色粉刷。

丹·艾基拉听取了安德鲁的意见，回去粉刷了自己的房子，不过他用的不是黑色。在粉刷的过程中，他脱下了自己的西装，换上了劳动服，挽起袖子，忙来忙去。到中午的时候，原来那堵丑陋的墙竟然已经变得平平整整。

几天过去之后，丹·艾基拉才进一步意识到疯子安德鲁的用意，原来他一点也不疯癫，反而很聪明，他给了丹·艾基拉亟须的一次消磨时间的活动，而时间在这里也起到了伤口与痊愈之间唯一的缓冲器的作用。

我们能够看到，丹·艾基拉正是听取了安德鲁的建议，才用一种正确的方式把自己的情绪宣泄出去，从而缓解了自己的负面情绪。

宣泄不良情绪有好多种方法，这就需要根据实际情况，选择适当的宣泄形式，适当地控制宣泄的程度，使宣泄起到良好效果。

不论是通过何种方式去宣泄，都是为了调节自己的情绪，让身心得以平衡。当内心无法承受生活之重时，就要学会适当地排解自己，给坏情绪一个宣泄口。

第三章　用情绪感染他人，建立和谐人际关系

1. 你的微笑，灿烂了整个世界

快乐与幸福是人们都在追求的理想生活状态，为了实现这个目标，无论经历多少艰难坎坷，都会坚持到底。当面对困难的时候，微笑和抱怨是两种态度。微笑意味着坦然面对，抱怨则将事情往消极方面发展。通常喜欢抱怨的人，往往比较容易犯错误，不但不能解决问题，还会影响自己的心情，这种人很难获得快乐和幸福。选择微笑面对的人，心胸自然宽广、豁达，遇到麻烦或者问题，都会积极想办法去解决，令事情往好的方面发展，这样最终问题解决了，心情也会好起来，增强幸福感。

学会对别人微笑，是进行感情交流的一种具体方式，这能够体现出一个人热情、乐观的心态；学会对自己微笑，则是一份乐观和自信，能够让我们一直保持一颗愉悦的心。而那些不善于微笑的人，总是习惯用悲观的心态去看待周围的一切，结果往往也不会顺利。

在镇上，大家都知道道森先生是出了名的有着一身臭脾气的小老头，所以，平时没有人愿意去招惹他。他家的院子里种着的果树上结的苹果是全镇最好吃的，但是没有人敢去摘，就算是掉在地上的也不能去捡，因为如果让道森先生看见，他会拿着小型气步枪来把你赶走。

星期五的下午，12岁的小姑娘珍妮特打算去她的朋友艾米家度过周末。去艾米家的路上，必须要路过道森先生家。她们走到道森先生家附近时，珍妮特看见了正在前廊坐着的道森先生，于是她示意艾米走马路的另一边。

这时，艾米不紧不慢地说道森先生并不会伤害任何人。然而珍妮特每走近一步，心跳也越来越快。当她们走到道森先生家门口时，道森先生伴着脚步声抬起了头，只见他眉头紧皱，对眼前的不速之客进行观望。看到来人是艾米，他的脸上立马变成了灿烂的笑容，还亲切地问候艾米。

艾米微笑着告诉他，要带着自己的朋友一起听音乐、玩游戏。道森先生一听，夸赞真是不错，随后给了她们每人一个刚从树上摘下来的新鲜苹果。两个小姑娘拿着道森先生送给她们的又大又红的苹果，心里高兴极了，因为这可是全镇最好的苹果。

告别道森先生以后，她们继续赶路，艾米告诉珍妮特，其实她第一次经过道森先生的家门口时，他的确是一副不友好的样子，这让艾米心里很害怕，但是艾米认为，只要用自己的微笑去面对他，肯定会感染他。从此以后，艾米只要一见到道森先生，都会对他微笑。终于，有一天道森先生竟然对自己微笑了。又过了一段时间，道森先生真的向艾米微笑了，艾米能感觉到这种微笑是发自内心的，而且他们还开始谈话。时间一长，他们谈话的次数也就多了。

艾米说，她的奶奶曾经告诉她，其实每个人的内心都是微笑的状态，不过有的人愿意把微笑表现出来，有的人不愿意表现出来。所以，艾米经常对道森先生微笑，时间一长，道森先生心里的微笑也就会表现出来了，微笑是可以互相感染的。

的确，艾米说的话很有道理，微笑真的可以彼此感染。正如雨果所说："微笑就是阳光，它能消除人们脸上的冬色。"其实，有时候对别人微笑实际上就是在对自己微笑。微笑不仅能使自己变得快乐、自信，同时还能给别人带来欢乐。

美国钢铁大王卡耐基说："微笑是一种神奇的电波，它会使别人在不知不觉中同意你。"有一次，在一个盛大的宴会上，卡耐基遭到了一个对他有意见的商人的抨击。他站在人群中高谈阔论，却不知道自己引来了卡耐基的聆听，只见卡耐基微笑地站在那里，宴会主持人看到此番情景很是尴尬。等商人发现卡耐基的时候，觉得自己很是难看，正打算离开，卡耐基走上前去，依旧面带笑容地和商人握了握手，好像什么事都没发生。最后，这个商人成了卡耐基最好的朋友。

一个人只有对生活充满微笑，才能感染他人。或许，这个世界并没有我们想象中的那么友好，人与人之间也未必能百分之百地真心相待，即便如此，我们也应该始终保持着微笑，用微笑去面对生活中的诸多问题。只要我们内心笃定，就一定能用微笑化解所有的问题与矛盾，用微笑感染他人。如此，生活就会因为你的微笑而得到改善，世界会因为人们的微笑而变得更加和谐、美好。

2. 热情似火，温暖身边每一个人

一个人只有对生活充满热情，才能焕发生机。如果对生活失去了热情，会很容易丧失自我。当坏情绪涌来时，会令人变得消沉、烦躁，觉得活得毫无意义。所以，不要丢掉你对生活的热情。活着就要拥抱生活，对生活充满希望，不要浑浑噩噩度日，更不要沉溺于往日的痛苦中。只要你对生活充满热情，生命将会有更多可能。

汪晨是个充满才气的女孩，可美中不足的是她的性格十分内敛，不会轻易向别人表达自己的内心，尽管她对每个人都充满了善意。她在一家广告公司工作了一段时间之后，发现另外一个女孩雯雯要比自己受欢迎，虽然雯雯在业务方面不如自己，却被提升为副主管。于是汪晨带着疑惑，去寻求学习心理学的小姨的帮助。

小姨问汪晨，雯雯有什么特别的地方。她想了想，说：“她也没什么特别的，就是在公司的时候，无论遇到谁，她都热情地打招呼。虽然我对她升职不服气，但有件事还是挺感谢她的。我记得我刚到公司的第一天，因为性格内向，加上没有认识的人，所以很多事情都不知道该怎么办。而其他同事都在忙自己的事情，没有人过来告诉我应该怎么做。一个多小时后，雯雯过来了，问我：‘感觉怎么样，工作得还顺利吗？如果遇到什么问题，都可以来问我。’当时在雯雯的热情帮助下，我对新的工作环境有了初步的认知，心里感到很温暖。从那时开始，我便认真努力地工作，有时候遇到了问题雯雯也会积极地帮我解答。慢慢地，我对新的工作也充满了热情。

一直以来，我都十分感激她，觉得她是一个充满热情和爱心的大好人。不过，公司再怎么说都是靠业绩说话，总不能因为她的热情，就升她的职吧！”

小姨笑着对汪晨说，副主管这个职位与单纯的业务员、策划专员是有很大区别的，副主管不仅需要对公司内部人员之间的关系进行一定的协调，而且还需要创造出一种和谐、温馨的氛围，这样才能让大家齐心协力地做事，而雯雯，很适合这个职位。

汪晨听完小姨的话，突然意识到了一个问题，原来一直以来自己的观念都存在一些错误，她便开始改变自己内向的性格，尝试打开心扉，对身边的每一个人都很热情，在工作过程中如果遇到新人有不懂的问题，她也会主动去帮忙解答。慢慢地，汪晨的人缘变得越来越好，她的心情也因此越来越愉悦，不仅如此，很多新人在她的帮助下，对工作也都充满了很大的热情。

无论在生活中还是职场中，一个充满热情的人和一个待人冷漠的人，你会喜欢哪个？相信大多数人都愿意和热情的人相处。因为这种人能给身边的人带来较好的氛围，能让周围人的距离变得更近，相处起来也会十分愉快。所以，我们应该学会做一个充满热情的人，让身边的人也多一些快乐。

一个人想要活得更好，不仅要在为人处世方面充满热情，对待工作或其他任何事也同样需要充满热情。热情是一个人做事的态度，充满热情的人通常办事效率也会高很多。

那么，如何才能做一个充满热情的人呢？首先，要让自己拥有一颗童心。用童心去看世界，就会对世界充满了好奇和期待，保持了对事物的热情。无论什么样的年纪，都应该让自己保持一颗童心，你会发现这世界上的所有事情，都像是一个探险的过程，愿意全身心地投入其中。其次，要让自己时刻保持幽默感。有幽默感的人擅于用自己的语言把快乐带给身边的人，用自己的热情去感染周围，让更多的人去喜欢和接纳自己。这样的人通常都具有很强的号召力和凝聚力，能轻易地影响到他人。最后，要保持积极向上的心态。积极乐观的心态能够帮助你保持对待事情的热情，传递正能量。

生活的幸与不幸，取决于一个人对待生活的态度。假如你是个充满热情的人，那么，即使你身处茫茫无边的沙漠，你也会与漫天黄沙交朋友；倘若你缺乏热情，那么沙漠中的绿洲也不足以让你欣喜。对生活充满热情，会让你的生活变得更加美好。

3. 真诚，才是交友最好的套路

真诚，是一个人交友的基础，是人与人之间交往不可或缺的条件。只有真诚待人，别人才会真心对你，真诚的心就像阳光雨露般，能温暖人心，净化心灵。

在生活中，我们无论是面对亲朋好友，还是面对素不相识的陌生人，都应当真诚相待，用自己的真诚，换取他人的真心。对待朋友，要懂得理解和尊重，互相信任，互相支持，友谊才能长存；对待陌生人，要心存善念，以诚待人，懂得关心和帮助他人。只有真诚地对待他人，才能让彼此收获更多。

一天，苏格兰的一个穷苦农民弗莱明把一个掉入深水沟的孩子救了上来。第二天，一辆豪华的马车在弗莱明门口停下，只见一位气质高雅的绅士走了下来。绅士看到弗莱明，真诚地告诉他自己是昨天那个被他救起的孩子的父亲，今天过来是特意感谢他的。弗莱明却说不能因为救了他的儿子就接受他给的报酬。

正在这个时候，弗莱明的儿子回来了。绅士询问弗莱明来人是否是他的儿子，弗莱明自豪地回答是自己的儿子。于是，绅士想要和弗莱明签订一个协议，把他的儿子带走，并告诉弗莱明会给他最好的教育，如果他的儿子像他一样真诚，那么将来长大后必然会成为让他自豪的人，弗莱明答应了。过了几年，他的儿子从圣玛利亚医学院毕业，发明了一种能够抗菌的药物，名叫盘尼西林，成为了天下闻名的弗莱明·亚历山大爵士。

之后，绅士的儿子，就是那个被弗莱明从深沟里救起来的孩子染上了严重的肺炎，再一次被人从死亡边缘救了回来，没错，救他的正是盘尼西林。前面说到的那个气质高雅的绅士就是“二战”前英国上议院议员老丘吉尔，而他的儿子正是“二战”时期英国著名首相丘吉尔。

本杰明·富兰克林曾说:“一个人种下什么因，就会收获什么果。”如果我们以真诚的态度去对待别人，那么别人也会真诚地对待我们。实例中的弗莱明正是因为自身具有真诚的品质，才让自己的儿子获得了难得一遇的成才的机会，而老丘吉尔也正是因为自己的真诚才挽救了自己儿子的生命，并使之成了20世纪影响人类历史进程的政治家。

其实，真诚存在于人与人相处的各个细节之中，一个人若是真诚地对待他人，那么他也一定会获得别人给他的回报。

东汉末期，刘备攻打曹操失败以后，便去荆州投奔刘表。考虑到日后想要成就一番大业，他便格外留心访求人才，恳请荆州名士司马徽为其推荐。司马徽和他说，这儿既有“伏龙”又有“凤雏”，这两者，只要能够得到其中一者，便可以安定天下。后来经过多方打听，才知道所谓的“伏龙”就是诸葛亮，他在距离襄阳城西二十里的隆中隐居，住着芦草搭成的棚子，耕种劳作养活自己，精通并善于研究一些史书，是个非常杰出的人才。

谋士徐庶也极力向刘备推荐诸葛亮，并称他是个奇才。刘备听后，同关羽、张飞一起带着礼物到了隆中(今河南南阳城西，一说为湖北襄阳城西南)卧龙岗去请诸葛亮出山辅佐他打天下。他们过去的时候，正好赶上诸葛亮不在家，刘备只好把自己的姓名留下，原路返回了。

过了几天，刘备听说诸葛亮回来了，于是又带着关羽、张飞冒着风雪前去拜访。他们刚刚到达隆中，就传来诸葛亮又外出了的消息，又空跑了一趟。张飞一看这情形，本来自己就不愿意来，现在诸葛亮不在，就更催着刘备赶紧回去。刘备没有别的办法，只好给诸葛亮留下一封书信，信中表达了自己敬佩诸葛亮的才华，想请他出来帮助自己。

又过了一段时间，刘备决定再去一次，请诸葛亮出山。这时，关羽说诸葛亮没准没有那么大的才华，只是一个虚名，没必要去了。而张飞却说让自己一个人去就行了，如果诸葛亮不愿意来，自己就把他绑回来见刘备。刘备看到他们二人如此的鲁莽，便把他们责备了一顿，三人再次去隆中拜访诸葛亮。这一次，诸葛亮正在茅庐中睡觉，刘备为了不惊动他，只好在外边一直站着，直到诸葛亮睡醒，他们才开始坐下谈话。

后来，诸葛亮和刘备在茅庐中共同探讨时局，对眼下的形势做了详细的分析，设计如何夺取政权统一天下的方略。诸葛亮的见解让刘备大为叹服，他愿以诸葛亮为师，请他出山相助，重兴汉室。诸葛亮也深深为刘备“三顾茅庐”的诚意所打动，答应了刘备的请求，决定离开隆中，施展自己的政治抱负。

庄子曰：“真者，精诚之至也，不精不诚，不能动人。”真诚的态度，往往最能打动人心。三国时期的刘备为了求得贤才“三顾茅庐”，最终用自己的真诚打动了诸葛亮，成就了自己的霸业。

真诚待人是最基本的待人之道，更是一种高明的处世之道。在生活中，我们只有以真诚待人，才能够获得更多人的支持。

4. 懂得包容，人生才能从容

电影《中国合伙人》有一段情节让人印象深刻：成东青、孟晓骏、王阳三个好兄弟一起创业，却因处事方式和价值观不同，在大吵一架后分道扬镳了。后来他们创办的“新梦想”学校惹上了官司，陷入困境，正当成东青孤立无援之际，他的两个好兄弟回到了身边，并和他一起并肩作战，共渡难关。电影将三个男人之间的兄弟情谊展现得淋漓尽致。朋友之间，就应该互相包容。懂得包容，懂得谅解，你的人生也会过得非常从容。

在生活中，我们对待他人也应当如此。更多地关注别人的“好”，这不仅能使我们的生活变得和谐，也会对我们事业起到重要作用。

尼万斯在10年前离开了苹果公司，尽管乔布斯和人力资源部部长盖勒极力挽留他，但他还是走了。

10年后，尼万斯觉得自己当初离开公司简直就是一个错误，所以他想再次回到苹果公司，可是，他的复职申请没有被批准，而是被人力资源部的部长盖勒拒绝了。

过了一段时间，乔布斯在研发一个项目时突然想到，尼万斯的专长正好能够用在这个项目中，如果他参与其中，当前技术上存在的难关必定会被攻破。但是，在盖勒看来，一个人必须为自己的“背叛”付出相应的代价，所以尼万斯没有资格回到公司。

乔布斯便劝说盖勒，每位员工都是公司不可多得的无价之宝，要是被竞争对手发现挖走，那么所带来的损失将不可预计，再说，尼万斯回到公司，不仅能让我们的团队多一位人才，还能比对手的公司力量更加强大，这是一件好事。

之后，公司批准了尼万斯的申请，尼万斯也比以前更加努力地工作。后来，公司有了一项极具特色的人事制度，就是积极鼓励离职的员工回到公司上班。

为此，苹果现任CEO库克也说，对于员工的跳槽行为，公司应该予以宽容，给他们提供返岗机会的同时，其实也是在给公司机会。

海纳百川，有容乃大。成大事者，就该拥有一颗包容的心。苹果公司给离职员工一次返岗机会，也就给了公司一个机会。生活中，何尝不是如此呢？给别人一次机会的同时，往往也是给了自己一个机会。用一颗包容的心去对待他人，人生也会变得更加从容。

李芳和白丽一起入职新公司，两个人都是做业务的，渐渐成为了好朋友。李芳有过一定的工作经验，白丽却是大学应届生。好心的李芳一直带着白丽拜访客户，手把手教她如何跟客户谈判，如何签下合同，如何收回货款等。

有了李芳的鼎力相助，白丽工作的第一个月就超额完成了工作任务。对于一个新人来说，这是非常了不起的。月末评比的时候，她不仅获得了总经理的表扬，还拿到了一笔丰厚的奖金。而李芳为了帮助白丽，自己的任务没有完成，工资被扣掉了一大部分，但看到白丽获得如此优异的成绩，还是替她开心。

白丽拿到奖金后，把所有的功劳都归在自己的努力上，对李芳毫无感激之情，甚至态度也变得十分冷淡。久而久之，白丽和李芳的交流越来越少。

没有李芳相助的白丽，连续三个月未能完成工作任务，状态越来越不好。她终于开始反思自己，客观的看待自己的能力，肯定了李芳对她的帮助。她主动向李芳道歉，恳切地表达了希望做李芳助手的想法。李芳没有过多的计较，选择了原谅，并决定和她携手共同进步。在李芳的悉心指导下，白丽进步得飞快。

后来，两人成为了工作中最合适的搭档，一起做业绩，一起开发新业务，年末时，双双被评为优秀员工，都拿到了丰厚的奖金。

可见，包容不仅仅是做到宽恕和谅解，很多时候它还能冰释前嫌，甚至是以德报怨。其实，我们在生活中，把一个人所犯下的过错忘掉并不是一件难事，真正的难事是依然能够怀着一颗慈悲的善心去面对那些伤害过我们的人。

用一颗包容的心去对待人和事，体现的是一种豁达的精神。人生在世，不论面对何种境况，都应该拥有一颗包容的心，保持一种豁达的精神，让自己的人生变得更加从容。

5. 与人为善，才能与己为善

俗话说：“与人为善，才能与己为善。”一个人不去帮助别人，难以积攒下人情。如果你的“人情银行”里没有储蓄，那么当遇到紧急情况时，你会很难取款救急。如此，不如提早储蓄，以备不时之需。

帮助他人的同时，自己也能收获快乐。也许你在助人之时，未曾想过索要回报，但有朝一日，当你落难之时，或许你曾经施予过帮助的人也能对你伸出援手。到那时，你就会明白，当初对他人的帮助其实就是在帮自己。

在职场，同样要学会与人为善。因为想要在职场生存下去，就必须扩大自己的人脉。而想要获得人脉，就要先学会以诚待人。如果你能对别人拿出自己最大的诚意来，那么同样你也能得到别人最大的回报。所以，当你看到别人有困难的时候，如果你有能力去帮助他，就一定不要吝啬。因为你的雪中送炭，会让他牢记一生，感激一世。

刘曼毕业于名牌大学，是国内一家五百强企业的计算机软件工程师。她的工作能力非常突出，三年来，为公司攻克了大大小小的技术难题，多次获得领导的表扬。但她为人很是高傲，同事向她请教问题，她不仅不帮助解决，还出言讥讽对方，渐渐地，大家都不喜欢她。所以，虽然她的工作能力很强，却一直没有得到职位晋升的机会。

刘曼对此非常不满，找领导理论无果，愤然离职。她跳槽到了一家外企单位，成为了公司内的骨干员工。为了支持她的工作，公司特意为她招聘了一位助手。助手入职第二天，将公司内部会议的时间记错，导致刘曼差点错过了参加会议。她当众训斥助手，甚至骂她“没长脑子”。助手无法忍受这样的言语侮辱，当场辞职。

后来，她接连换了四位助手，都因为与她发生激烈矛盾后离职。无奈，刘曼只好独自处理办公事务。

一次，她到行政部门领取办公用品，被要求先填表格登记，审核程序通过后再进行发放。这本来就是公司的正常流程，但她偏执地认为是同事故意找茬，在办公室对同事恶语相向。除此之外，她对所有同事都是一副趾高气昂的样子，认为整个部门都是仰仗她的能力才有现在的发展，还经常支使同事帮她订餐、取快递。有一次，她公然对部门所有同事说：“要不是我工作做得好，你们这个月的奖金全都拿不到。”大家对她的意见越来越大，没有人喜欢和她在同一个团队工作。

后来，有一次职务晋升的机会，刘曼立即参与竞聘，公司领导也都很看好她的工作能力，然而，在同事投票环节，刘曼的票数竟然是零，晋升自然无望。

刘曼很不理解，自己的工作能力卓越，为什么不能获得晋升？难道人际关系比工作能力还重要吗？

工作能力固然重要，但身在职场，总少不了同事间的合作。不懂得维护与同事的关系，不仅仅会无端伤害同事间的感情，更会消耗大家的精力，使工作效果大打折扣。只有我们宽容待人，与人为善，才会获得同事的接受和喜欢，给自己搭建一个愉快的工作环境，也才能将职场之路走长，为自己赢得更广阔的发展。

在这个世界上，内心善良、懂得感恩的人还是占大多数。当你对别人施以援手时，别人在铭记你恩情的同时，也会因为受到你的感染，而主动去帮助别人。如此善意循环，善良的人就会越来越多，世间的万事万物就会向美好的方向发展。

6. 彰显自信，做有魅力的领袖

每一个成功的领袖人物都必须具备一种强大的自信精神，要坚信自己是对的，顶住非议，坚持自己的观念，才能够从芸芸众生中脱颖而出。

当我们决定要做一件事的时候，往往会听到很多的反对意见，这些意见或许有恶有善，或许来自我们身边的人，或许来自我们的竞争对手。同时有很多的“围观者”也会说一些无心的闲话，这个时候就需要我们自己有一个坚定的立场，不能轻易地被这些话扰乱我们作出的判断，否则，很有可能会出现半途而废的现象，甚至把成功扼杀在摇篮里。

马云曾说过这样的话，做自己做得到别人做不到的事情，或者是自己能比别人做得更好的事情，这太难了；但是，如果选择别人不

愿意做、看不起的一件事，他觉得还是能做好的，只要能做到坚持不懈。

马云在1999年创立了阿里巴巴，但是随即就受到了来自各方面的压力，好多人说这种事情简直就是异想天开，根本实现不了。因为当时马云的团队只有50万元的创业资金，工作的地方也就140平方米左右。为此，团队中的其他人也是动摇不定，只有马云充满了信心。

屋漏偏逢连夜雨。2001年，阿里巴巴遇到瓶颈，在资金方面面临巨大的困境，这时网络上的质疑和抨击更是接踵而来，更过分的是还有人在论坛里发帖，形容阿里巴巴要是能成功，就等于是把一艘万吨巨轮放在了珠穆朗玛峰上面。不仅如此，阿里巴巴的内部也开始出现谣言，有人形容阿里巴巴的模式其实是一个"假太空"，还有人说"马云上《福布斯》封面是黑金交易"，那个时候，马云和阿里巴巴几乎受到了所有人的质疑。

但是，马云并没有因此放弃、退缩，他还打趣说自己就是脸皮厚，不怕别人骂就怕别人夸，而且自己已经习惯外界的评论了。不仅如此，他还说要让骂他的那些人看看，自己是如何把这艘万吨巨轮从喜马拉雅山脚下抬到珠穆朗玛峰的。

2002年，马云特意为阿里巴巴制定了一个目标，就是全年盈利1元钱，到了年底的时候，这个目标实现了；于是马云提出了2003年的新目标：每天保证收入100万元，全年盈利1亿元。就这样，在马云的信念和坚持下，公司团队士气大增，员工也都充满信心。2003年"非典"期间，阿里巴巴公司所在地虽然被隔离了，但所有业务都在照常运行，在被隔离的日子里，马云做了一个非常疯狂的决定：进军C2C，挑战全球电子商务巨头eBay！首席技术官吴炯听说之后，一再劝他放弃这个想法。然而马云坚信危险之中才会有机会，关键是能否把握好。同年7月，马云成立了淘宝网，开始正式打入C2C领域，不到半年就跻身全球网站前70名，不到两年就占领了国内C2C市场的七成份额，把eBay这个强大对手打出了局。在“非典”来临的日子里，虽然给诸多企业带来了巨大的冲击，但是马云却临危不惧，化危机为转机，取得了出人意料的成功，真正实现了“每天收入100万元，全年盈利1亿元”的目标。

2003年年底，马云为接下来的两年制定出了更加疯狂的目标：2004年实现每天盈利100万元，2005年实现每天缴税100万元。面对更加激烈的反对声，马云依然坚持自己的决定，一个一个地实现了这些目标。

一位成功人士曾经说过：“创业就像在黑屋子里，一点亮都没有，但你要告诉自己，那就是有光的地方，告诉自己那是方向，然后跟团队说‘跟我走，那就是方向’。”拥有强大的自信心，认准自己的目标，坚信自己是对的，即便陷入黑暗，也要充满希望，这是每一个领袖必须具备的能力。

一个领袖人物的自信和决策决定了一个企业乃至一个国家的发展方向。无论是在日常生活中，还是在国家政治活动中，要做有魅力的领袖人物，就一定要有自己的价值观，有强大的自信心，坚持走正确的方向，不因旁人非议而选择放弃。

第二部分

感知他人情绪，掌握人际交往主动权

第四章　走进对方内心，拉近彼此的距离

1. 掌握共情力，你才能成为情商高手

共情力是指一个人能够感知和识别他人情绪，站在他人角度、设身处地理解他人行为的一种能力。共情是一种能力，也是一种态度，只要你能够理解对方的情绪，与对方感同身受，并照顾到对方的心情，让对方知道你理解他的感受，这样对方就会把你当作知己，从而打破对方的心防，让对方与你的关系变得更好。

共情力，强调的是“情”，即情感沟通。只有懂得将心比心，从对方的角度和情感来思考问题，才能用自己的语言和方式帮助到他人。在人际交往过程中，当你观察到对方正处于情绪激动的时刻，你要做的就是想办法先在情感上与他产生共鸣，等到对方情绪稳定之后，再给出你的理性意见。

比如在《重启》中，作者这样说道：“安慰一个哭泣的人，最好的方式不是说‘不要哭’，而是说‘你一定很痛苦吧，想哭就哭吧’

或者‘如果我是你，我也会哭’。”

有个正在读二年级的小男孩因为一场车祸去世了。这件事情的发生，使他家人变得非常伤心，老师和班里的同学们也为此感到十分难过。于是放学后，老师带着班里的同学们去这个家庭看望小男孩的父母。

有个小女孩和小男孩是同桌，而且平时他们也是很好的朋友。自从知道自己的同桌“走”了，小女孩一直都很伤心，每天不停地流眼泪，等到了小男孩的家里，小女孩更是伤心。

回到家里，小女孩的母亲问她到同学家都干什么了，小女孩回答说去安慰了小男孩的母亲，母亲又问她是怎么安慰的，小女孩说因为自己也不知道该说什么安慰的话，所以只能趴在小男孩的母亲怀里一起陪她哭，说着说着，小女孩又开始忍不住哭了起来。

哭了一会儿，小女孩的情绪稍微稳定了一些，她又对自己的母亲说，小男孩的母亲实在是太想念他了，给自己讲了好多她儿子小时候的事情，说她的儿子一直都很懂事，很善良，她为自己的儿子感到光荣。

其实，人伤痛时，未必需要听一番大道理，最需要的只是来自对方内心深处最真诚的理解，也就是共情力。小女孩儿什么安慰的话也没说，只是陪着这位痛失爱子的母亲一起悲伤流泪。最终，女孩儿凭借自己对悲伤感同身受的共情力，让这位悲痛的母亲放下了心理防线，与她谈起自己儿子小时候的种种经历。共情力并不需要我们有多厉害，能够解决多少问题。而是要让我们学会去感受别人，去理解别人，在适当的时机瓦解对方的最后一道心理防线，让对方能够放下戒备对你掏心掏肺。可见，让自己站在他人的角度去体会他人的感受，才能真正地理解别人，这才是真正意义上的共情。

那么，我们该如何才能掌握共情力，成为情商高手呢？

首先，要学会洞察对方的情绪。也就是当对方有情绪的时候，你要知道或者看得出来他是有情绪的。如果对方有情绪，而你却茫然不知的话，那共情就无从谈起了。想要具备一定的洞察能力，就需要在平常的生活中多留意别人的说话方式，包括语速、语气、语调等，这样当他的说话方式有明显改变的时候你通常就能知道他是有情绪的。还要多观察人的肢体语言和表情，如果肢体语言表现得很奇怪或者表情不自然、有明显的变化，都可能反映出这个人是有情绪的。

其次，要懂得接受对方的情绪。当你注意到你的爱人或身边的人心情不好了，你就可以关注他的心情。并且关注的时候是以一种接纳和肯定的态度来进行的，就是允许他心情不好。

再次，要引导和肯定对方的情绪。要引导对方分享他内在的感受和外在发生的事情，并且肯定对方产生情绪的原因和理由。这样做对方的情绪基本上就会好很多，因为他既被接纳和关注了，又满足了诉说的需求，也被认可了起情绪的原因和理由，心情已经好很多，也感觉到了被理解和关注。

最后，要启发对方解决问题。一方面，可以启发对方去理解他人，或者从别的角度来看待问题。另一方面，可以引导对方去关注解决问题的方案，考虑下一步计划或未来打算。

在人际交往过程中，只有做到以上步骤，我们才能够有效掌握共情力，攻破对方心防，增加对方与你的信任，成为情商高手。

2. 适当向别人示弱，世界才会向你示好

向别人示弱，放低姿态，并不是人们心中所想的要对别人委曲求全，而是一种谦让的态度，这是处理人与人之间关系的润滑剂。

心理学家毛里斯·施威策与亚当·盖林斯基在他们的畅销书《朋友与宿敌》中曾经写道："向你想要交往的对象暴露缺点，事实上会有助于进入更为融洽的交往关系，更容易迅速得到陌生人的信任。"在人际交往方面，适当展现自己的弱点，能迅速拉近与别人的距离，同时也能为自己卸下很多不必要的心理负担。

当我们在职场面对自己的同事和合作伙伴时，不妨适当地暴露一些自己的缺点，这样能够帮助我们更为快速地获取别人的信任。

张琪大学毕业后，幸运地进了一家机关单位工作。她一直保持着写作的爱好。而且她将这一爱好发挥在自己的工作中，表现得十分出

色。每次领导交代的任务，她都能很好地完成。加上她常在当地报社发表文章。因此，她不仅深受领导器重，而且在单位也小有名气。

但让张琪没有想到的是，这样的风光引起了同事的嫉妒。那些在单位工作好多年的同事，看着张琪越来越受器重，开始讥讽她道："这期报纸又发表了你的稿子啊。咱们小张的文笔真是好啊。你的文笔这么好，干脆辞职在家当职业作家吧！"除了单位的老同事，年轻的同事也同样心理不平衡，拿着报纸到领导那里打小报告。领导听了之后，也对张琪进行了委婉的批评。

对于这些告状，张琪非常生气，但也无可奈何。后来她一想，也许自己真的是锋芒太露了，要懂得收敛自己，同时应该学会发掘同事们身上的闪光点。就这样，张琪开始观察周围的同事。那位打张琪小报告的同事写字非常好，于是，张琪经常去找这位同事聊天，看到他桌上写的文件，就赞叹道："这字写得真漂亮啊！我的字就难看死了，你是怎么写的啊，能不能教教我？"听张琪这么说，那位同事就来了精神，给张琪讲解起如何写字了，两个人的关系也逐渐好转了。

故事中的张琪在面对同事的嫉妒时，她选择巧妙地向他们"示弱"，在自己的专业领域之外适当地展露自己的缺点，同时与他人产生共鸣，从而获得了他们的信任。

在现实生活中，或许你的幸运和成功也会遭到他人的嫉妒，这时你不妨学着向对方示弱，让别人也看到你的缺点，以增强别人的优越感。同时，也要试着夸一夸别人的长处，让他们的嫉妒心转化为满足感，这样就会为你赢得好人缘。

不知道你有没有这样的一种感受，虽然我们大家平时内心都希望和上面描述的那些完美的人在一起相处，可是当你真正和一个样样都好，各方面都非常优秀的人在一起的时候，你的心里会有一种莫名其妙的距离感，甚至是紧张和忐忑不安。

曾经有一个心理学家做了这样一个试验，他找了四段情节类似的访谈录像，并分别给他准备要测试的对象进行播放。

第一段录像播放的是一位非常优秀的成功人士在接受主持人的采访，在接受主持人的采访过程中，他谈吐不凡，表现得非常有自信，由于他的精彩表现，不时地会赢得来自台下观众的阵阵掌声。

第二段录像播放的也是一位优秀的成功人士在接受主持人的采访，但是相比第一段录像而言，他的表现稍微有些羞涩，就在主持人把他所取得的成就向观众作详细介绍时，他竟然紧张得碰倒了桌上的咖啡杯，还淋湿了主持人的裤子。

第三段录像播放的是一个非常普通的人在接受主持人的采访，他既没有优秀的成绩，也不是一个成功人士，虽然在接受采访的过程中，并没有表现得很紧张，但是也没有什么精彩的发言。

第四段录像播放的同样是一个很普通的人在接受采访，但是由于他表现得非常紧张，所以结局和第二段中的录像一样，他也把身边的咖啡杯弄倒了，还淋湿了主持人的衣服。

当这四段录像播放完的时候，教授让他的测试者从上面的这四个人中选出一位他们最喜欢的，同时选出一位他们最不喜欢的。

结果，测试者们最不喜欢的是第三段录像中的那位先生，几乎没有测试者愿意选择他，可奇怪的是，第一段录像中的那位成功人士竟不是测试者们最喜欢的，反而是第二段录像中因为紧张打翻了咖啡杯的那位很受欢迎，有95%的测试者都选择了他。原来他们一致认为，对于那些取得过突出成就的人来说，偶尔出现一些小的失误，不仅不会影响人们对他的好感，相反，还会让人们从心里感觉到他很真诚。

在现实生活中，还有一种人很受欢迎，就是经常自嘲甚至自黑的人。自黑的人经常主动暴露自己的缺点和不足，不但不掩饰，还自我“攻击”一番。表面看起来，这是一种很不明智，甚至是傻的表现，或许这让很多人不太理解他为什么要这么做，但是体现到与他接触的人的感受上，却并非如此。

那些总是自黑的人给人的感觉是：原来你也和我一样，有这么多的问题啊。于是下意识地，就会认为对方和自己是同类人，甚至是自己人，在情感上反而更愿意亲近。

在人际交往方面，谁都希望自己的身边有几个出类拔萃的人，在社会上有影响力的朋友。但是另一方面，我们是本能地存在着一种攻击性的。不管是与喜欢的人交往，还是与不喜欢的人交往，我们的内心深处都是存在一些破坏性的力量的。这种攻击性并不一定是暴力的，但它确确实实存在。所以，我们要敢于展现自己的缺点，这样更容易赢得别人的信赖。

3. 用你的关心，攻破他的防备

现代社会，人心复杂，几乎人人都为自己戴上了一张无形的面具，提防着周围的人。每个人都心存戒备，不敢轻易向人敞开心扉。这并不是一个好现象。有句话说：“这世间最经不起推敲的，就是人心。”看似很悲凉的话，却也似乎无力反驳，但最经得起推敲的，应该也是人心吧，只不过是一颗热乎乎的真心。

人与人之间失去了真善美，就失去了彼此之间的真实感情。要想打破这种局面，就要学会以诚待人。用自己的关心和诚意去打动他人，营造一个良好的社交圈。切记，最好的人际关系是相互关爱，而不是相互需要。

一位女士刚刚搬到新家，发现她的邻居是一个寡妇，而且还带着一个孩子。从交谈中得知这家人家很贫穷，生活并不是很好。

有一天晚上，这栋楼突然停电了。这位女士开始四处寻找蜡烛。正在找蜡烛的时候，听到了门铃响，她心想大晚上的这是谁在按门铃，于是警惕地问道："谁啊?"

只听到一个稚嫩的声音，充满紧张地说道："阿姨，我是隔壁的。请问，你家有蜡烛吗?"

女士心想：这家人这么穷吗？连蜡烛都舍不得买。要是我这次借给他蜡烛，说不定以后就会赖上我，不停地借东西。

于是，这位女士淡淡地说道："没有。"

当她以为隔壁小孩会离开时，只听这个孩子在门外继续说道："我猜您就没有准备蜡烛。妈妈和我怕您一个人晚上在家害怕，特意让我给您拿来了。"

女士赶紧打开门，看到孩子满脸质朴的笑容，双手拿着一根蜡烛。这时，女士才感到万分惭愧，同时也感动得流下了眼泪。

故事中的这位女士在这件事情以后，完全消除了内心对邻居母子的戒心。请问打破这位女士戒心的是那根蜡烛吗？非也！是这对母子的关心。关心，是攻破他人防备心的最佳"武器"。有效的关心往往需要真心实意地付出，只有以真心关爱他人，对方才会对你卸下防备，与你真诚交流。

世界上居心叵测的人不是没有，被感化、被改变的也大有人在，但感动一个人绝不是仅仅靠煽动性的言辞，让一个人改变最重要的就是真心待人。任何语言在行动上都显得苍白，你看得到我的真心，便接触到了我的灵魂，我们要相信，就算是一块石头，也会有焐热的一天。

在著名作家老舍的房子不远处有一个破旧的庙，里面住的都是平日以乞讨、卖艺为生的盲人，将近40人。当时全国刚解放不久，人们的生活都不宽裕，更不用说去接济这些盲人了，因此，他们的生活非常艰难。

每一次经过“瞎子庙”，老舍的内心都很不是滋味，虽然他很想给这些可怜的人一些帮助，但是他明白授人以鱼不如授人以渔的道理，如果光靠接济，根本无法解决他们现在存在的问题，因此，必须有针对性地为他们提供一份能够谋生的生计。

他不顾外人的激烈反对，把自己手头上的工作放下，整整两年时间，都在家中与“瞎子庙”之间不停地往返，最终他把盲人分成了两类。

第一类是针对那些自身会吹拉弹唱的盲人，他自掏腰包为他们买了很多的乐器，并组成了一个乐团进行集中的培训，时不时地给予指导。忙碌一天之后，他晚上回到家里还要熬夜为乐团写歌，编排适合他们演奏的曲目。这一切都完成以后，他又进一步联系演出单位和场所，并不辞辛劳地说服对方给予一定的演出报酬。

第二类是针对那些没有任何才艺和特长的盲人，他会依靠自身的各种关系，不惜降低自己的身份到处为他们寻求合适的机会，最终靠着自己的“面子”和关系，把他们一个个安排进周边的橡胶厂、皮革厂、印刷厂和服装厂里。为此，他都跑烂了好几双布鞋。

经过老舍的奔波忙碌，“瞎子庙”里几乎每个盲人都拥有了一份能够足以养活自己的工作。在有了稳定的收入以后，很多盲人的生活状况都得到了大幅度的改善，他们先后搬出了原先居住的那个破旧的庙，开始住进街上条件更好的房子里，“瞎子庙”也从此被废弃。

从此，每天晚上，当老舍下班从街上路过时，住在街上的盲人们都会立即放下手中的活，把屋内的灯点亮，然后站到各自的大门前，只为跟他打个招呼，为他照亮门前的那段路，这几乎成了那条街上一道不变的温馨风景线，这种状态一直持续到他去世的那一天，从来没有错过一次。盲人们都说，那是因为他们能听出他熟悉的脚步声。

所以，如果我们想要结交朋友，就要像老舍先生那样先为对方做些事情，用自己发自内心的关心，打破对方的心防。只有真心才能换来真心，只有你真心地关心他人，别人才会真心诚意地待你，从而和对方成为真正的朋友。

在生活中，当我们与他人交往时，也要懂得用关心和真诚去打动对方，当发现对方对自己心怀戒备的时候，就要学会去了解原因，在了解事情原委之后，再对症下药，用自己的关心和行动去证明自己，以此打消对方的戒心，继而走进对方的心里。

4. 把“我们”常挂嘴边，你和谁都是自己人

在与他人沟通的过程中，如果你总是把“我”字挂在嘴边，就会带给人自私、狭隘、没有团队协作精神之感。如此，不会有人愿意与你交往，你在工作中也很难拥有合作伙伴。

但如果把“我”换成“我们”，你会发现与人交往就会顺利很多。因为说“我们”，会让人感觉自己和他人是一个团体，是站在同一方的伙伴，让人听起来感觉心情十分舒畅。

因此，在与他人进行沟通时，不要把“我”字放在嘴边当成一种习惯。所谓的“说者无意，听者有心”，这句话还是具有一定道理的，因为有时候即使你不是故意的，但是让别人听起来也会感到有些不礼貌。

一家大型公司在发布相关的招聘信息后，有很多应聘者前来尝试。但是，公司的名额只有两人，所以在进行相关的测试之后，只剩下了三人。

该公司高层组成的招聘小组经过相关的商讨，出了一个题目来考察这三人：假设他们三人一起开车去森林探险，结果在返程的途中，车子抛锚了。这时，车内只有四样东西能进行选择，分别为刀、帐篷、水和绳子，那么，他们需要按照这些物品对自身的重要性进行排序。

于是，其中一位男士回答说，他会选择刀、帐篷、水、绳子。招聘人员不解，便问他把刀放在第一位的理由，他说，防人之心还是应该要具备的，而且帐篷只能睡两个人，水也只有一瓶，万一为了争夺水而受到谋害，他能用刀防身。

而另外一位女士则说，水、帐篷、刀、绳子这四样东西都是我们大家共同需要的物品。招聘负责人对她所说的“我们大家”这个词很感兴趣，便示意她继续说下去。

女士便做出了进一步的解释，水是生命之源，虽然只够两个人喝，但是大家要是都相互谦让的话，省着点大家可以一起共度危机的；而帐篷虽然只能睡下两个人，但是三个人可以轮流睡；刀也是必不可少的一种防身工具；在遇到悬崖峭壁时，我们可以用绳子进行攀登。

另一位男士的回答和这位女士的回答几乎一样，所以，最后的结果就是第一位男士被淘汰了。

故事中的第一位男士就是习惯以自我为中心，把“我”字挂在嘴边，给人带来不好的印象。这样的人相对来说比较自私，做事更喜欢抢风头、占功劳，令人反感，也不会有人愿意与之为伍。

一名身材肥胖的女孩在服装店买T恤，可是来来回回试了很多件都不是很满意。因为自己喜欢的穿不上去，能穿上的却又不是很喜欢。看着镜子中的自己，她甚至都不想买衣服了。

这时候，一名跟她身材差不多的导购小姐走过来，问道："这位朋友，是不是很难挑到中意的衣服？"

"是啊！"

"像我们这样身材的人，很难买到合适的衣服，我就经常买不到。"

这句话一下子说出了女孩的苦恼，她点点头说："是的，很多衣服我都挺喜欢的，可就是没有大号，我穿不了。"

接着，导购小姐耐心地向女孩传授了一些胖人挑衣服、穿衣服的技巧，最后说："我们店里的衣服款式很多，而且号码齐全。瞧，这件就很适合咱们，你试试看。"

女孩子对导购小姐亲切的话语充满了好感，而且对她的眼光很信赖，试穿之后立即决定买一件。

这名导购小姐用"我们"一词将顾客瞬间变成了"自己人"，令顾客对自己增强了好感，并得到了信任，最终做成了这笔生意。

其实，与人交谈，用"我"和"我们"的差别在于听者的感受。一般人都愿意听"我们"这个词，常说"我们"一词会让人产生亲人、同伴意识，增强听者的信任感。此外，以比较亲近的称谓称呼对方，也会让对方备感亲切，拉近双方的距离。

所以，日常交往过程中，与他人沟通，要把对方摆在首要位置，习惯把“我们”一词挂在嘴边，让所有人都变成自己人。

5. 轻微肢体接触，让感情更近一步

肢体语言，和其他任何形式的语言一样，都是用来沟通的，相较于人们大声说出来的言辞，肢体语言往往更能清晰地表达出人们的真实情绪和感受。在人际交往过程中，与他人进行沟通交流的时候，除了口头语言以外，往往还会借助自身的体态语言来表达，比如轻微的肢体接触。

在表达思想情感的众多方式里，肢体接触也是其中一种。而且这种表达方式人们本能地知道该如何运用它。相关的研究发现，皮肤的压力感受器一旦受到来自外界的刺激，可在很大程度上降低紧张激素的水平，而进行温暖的触摸则会刺激催产素分泌，从而增强信任和依恋的感觉，因此，进行轻微的肢体接触能够进一步促进彼此之间的感情。

在职场中，领导者学会恰当地运用肢体进行接触，不仅可以在很

大程度上实现有效沟通，还能进一步拉近与下属之间的距离，从而促进彼此之间的感情。不过，领导者需要注意一点的是，在使用人体触摸方式时必须考虑双方的综合因素，不可随心所欲，以免引起不必要的误会和麻烦。

小王是某公司的一名新进员工，干的是销售的工作，尽管他在工作期间十分勤奋，但在试用期的三个月里，小王的业绩却平平。

试用期结束后，小王准备好了转正申请书，要找领导签字。他走进领导的办公室，说："领导，我的三个月试用期已经到了，这是我的转正申请，请您签批！"

领导看了看小王的转正申请书，对他说："小王，从你这段时间的工作表现中，我能看得出来，你是一个工作非常认真，而且十分勤奋的人。虽然你试用期的业绩一般，但勤能补拙，只要你踏实肯干，一定能做出成绩来！"领导拍了拍小王的肩膀，说："继续保持你的勤奋劲儿，争取年底夺得一个优秀员工奖！"小王内心深受鼓舞，点点头说道："我会努力的！"领导的鼓励令小王内心十分感动，他决心一定要在年底之前冲刺业绩，得到优秀员工的资格。于是他每日更加勤奋地工作，钻研与客户沟通的技巧，学习其他同事的销售经验，加班加点整理工作思路。

功夫不负有心人，小王的努力没有白费。在年终的成绩汇报上，他的业绩果然冲刺到了第一名。如领导所说，他得到了优秀员工奖。

在年终的颁奖典礼上，领导作为颁奖嘉宾走到小王的跟前，为小王授予“优秀员工”的证书，随后握了握他的手，并拥抱了他，对他说：“小王，干得不错，好样的！再接再厉！”

其实，在职场中，我们经常能看到领导拍拍下属的肩膀，以示鼓励或赏识。当你工作做得不够理想时，领导为了安慰你，鼓励你，会通过拍拍你的肩膀的方式，让你继续努力。当你工作做得好，领导认可你的时候，也会亲近地拍拍你的肩膀，这种行为便是肯定了你的存在，肯定了你的工作。但是，需要注意的是，就算领导真的是因为你工作做得好而拍了你的肩膀，你也不要因此而得意忘形。因为这个行为并不代表领导会真的给予你什么实质性的奖励，你只需要用平常心对待就好。

在生活中，通过轻微的肢体接触，也同样可以促进人与人之间的感情。男女之间的偶然接触、朋友之间的握手、家人之间的拥抱等，都能够增加彼此之间的感情。

保坂是日本动漫《南家三姐妹》中的一个高中生，做任何事情都具有很强的行动力和执行力，也很关心身边的人。但他缺乏与人正常沟通的概念，习惯按照自己的方式行事，喜欢通过肢体接触来向别人表达友好之意。

在保坂初登场时，男子排球比赛的时候春香替他擦了一次汗，这样一个轻微的身体接触，却让保坂的内心瞬间生出情愫，此后便对春香保持着默默的关爱。

在与朋友相处的过程中，保坂也常常不善言辞，而是喜欢通过握手、拥抱、拍拍朋友的肩膀等这些肢体语言来表达自己的情感。当他做出这些动作的时候，朋友们虽然表面调侃他不会说话，但却能够感受到他的真诚，发自内心地感到喜悦，并愿意支持和帮助他，与他并肩作战。他们之间的肢体接触无形之中增进了彼此之间的感情。

轻微的肢体接触就像是一支快速燃烧的火柴，能够瞬间让彼此的感情升温。日常生活中，简单的握手、拍一拍肩膀、轻轻地拥抱等，这些轻微的肢体接触虽然看似无关紧要，却能在无形之中增进彼此之间的感情。因此，当我们想要让自己与他人的关系更近一步时，不妨尝试与对方轻微的身体接触，用肢体语言来表达你的思想情感。

6. 让对方当主角，心甘情愿吐露心声

现代社会，年轻人大多是独生子女，习惯以自我为中心，特立独行，不喜欢与人打交道，很难融入一个集体环境之中。当我们与这样的人交往时，不妨主动让出话语权，在适当的时机巧妙地抛出互动话题，让对方当主角，主动地吐露心声。

让对方当主角，主动地吐露心声，这是一种睿智的表现，也是与人交往的一个非常好的技巧，这样既能让对方的心理得到满足，又能达到促进彼此关系的目的。

向南是某公司一名新进职员，性格比较孤傲，喜欢独来独往。虽然他已经在这个公司上班一个月了，但他很少与人打交道，就连同一个部门的同事也很少交流互动，以至于连大家的名字都叫不出来。

在月度总结会上，部门经理向大家介绍向南的时候表示："这是我

们这个月新来的同事，虽然工作时间不长，但我从他的工作汇报中可以看出，他是一个非常认真、仔细的人，做事很用心。短短时间内，就能把我们部门的各个项目梳理得井井有条，并且每个项目的进度和问题都标注得非常清楚。向南，你能跟大家说说，你是怎么做到的吗?"

面对领导的表扬，向南的脸都微微泛红了，微笑着说："这是我应该做的。我刚到公司，对公司的业务和大家的工作情况都还不太了解，于是我找到了部门的会议记录本，把上面每一期的会议中，每个人负责的内容汇总起来，做了一个统计表，并且根据新的会议记录更新的内容进行了进度跟踪和备注。这样就能把所有人的工作内容和进度都统计在一张表格上了，一目了然，清晰明了。"

经理接着问："那你在整理的时候有没有遇到或者发现什么问题呢?"

"有些同事的项目在会议记录本上没有标明具体的完成时间，所以没有办法统计项目起始时间和效率评估。这个后面还需要相关同事来补充一下。"说完向南向其他几位同事点点头，笑了笑。

经理告诉大家，一定要和向南一一说明情况，把具体的时间和进度都补充完毕，下一次会议的时候还需要总结汇报。

同事小张说："向南，我这边的项目还有几个遗漏的要点需要说明一下，关于……这几个问题你帮我在表格里补充一下吧。"

……

于是，会议结束后，向南一一找了相关的同事，了解具体情况，同事们对向南的工作方法和工作态度都表示很认同，都愿意跟他交往。

慢慢地，向南在工作中也会主动跟大家打交道了，也因此和同事们都熟络了起来。大家对向南的态度也变得亲切了。

故事中的向南原本是一个性格孤傲、不愿与人打交道的人，但因为在会议中经理把话语权交给了他，让他有机会与同事们交流活动，从而促进了他与同事们的关系，也让他在自己的工作领域找到了自身的价值。这位经理的做法是十分睿智的。

每个人都希望自己能够成为中心人物，吸引到别人的注意。在社交过程中，我们要学会适时地将话语主导权让给对方，让对方有机会来表现自己，这样既能够满足他人的感受，也能促进互相之间的友好关系。

每个人都想在与陌生人进行交流的过程中做主角，能够操控谈话的主动权，但是，要知道进行交谈中的双方不可能都是主角，所以这个时候，我们应该想一想如何去做一个最佳的配角。

李京参加了一个关于开发新产品的研讨会议，在会议上，他被一个年轻人的讲话所吸引，不过关于年轻人的话题，李京有着自己的想法。

会议结束后，李京特意找到了那个年轻人，他先是向年轻人表示了祝贺，夸赞他的讲话具有一定的新意。年轻人高兴地连说了几声谢谢。于是，李京话锋一转，说年轻人的讲话内容中有一些不明白的地方，他想说一下自己的想法。

李京的话还没说完，年轻人就说，是不是想要了解他的产品中有一个部件为什么选用陶瓷而不是金属。李京给了肯定的回复，之后年轻人详细地解释了一下这个问题，看到年轻人边解说边满脸洋溢着自豪的表情，李京把到嘴边的话咽了回去，并继续与年轻人进一步讨论起来，年轻人讲得更有激情了，之后还很热情地邀请李京去他的实验室进行参观，并做实验证明给李京看。

其实，李京本来是想把自己的想法告诉年轻人的，但是看到年轻人满脸的兴奋，就把自己的话咽回去了，而且虚心地向年轻人请教，于是对方有了说话的主动权，这不仅使年轻人的谈话兴致大增，他还把李京当成自己的朋友，请他参观自己的实验室。

可见，在与陌生人交往时，应该时刻做到学会尊重对方，让对方成为谈话的主角，这样，对方才会降低心理防线，使交际活动开展顺利；如果总是强迫对方服从自己，对方会对我们产生一种厌烦的情绪，从而失去对我们的信任。所以，交际中应努力让对方感到他是交际的主角，而不是我们。

在现实生活中，当我们与他人沟通时，一方面要学会倾听，不要只顾着自己的事情，而忽略了对方的感受；另一方面也要懂得适时地让出话语权，主动抛出互动的问题，避免一人说话的尴尬，也让对方能够尽情地表达自己的观点。这样就可以实现有效沟通，使双方的关系更进一步。

第五章　识破他人表情，掌握人际交往主动权

1. 捕捉瞬间流露的表情，才能直击人心

一个人的面部有很多细微的表情，既微妙又复杂，它能准确地反映出一个人内心的想法和真实的情绪。倘若我们能迅速捕捉到一个人的微表情，就能在对方还未开口之前，了解到一些有用的信息。这对于如何说服一个人来说，是至关重要的。

在生活中，每个人都会有“微表情”，它持续的时间可能不到一秒钟，是一种不受控制的、下意识的动作。但这种一闪而过的表情，却是最真实的情绪反应。

一天下班回家，阿强将新发的工资递到了媳妇小敏的手上。小敏看到工资只有平时的三分之二，感到很奇怪也很郁闷，问道：“老公啊，这不对啊，这次工资怎么少了这么多呢？这是什么原因？钱去哪儿了？”阿强脸上有些泛红，眨了几下眼，低着头说：“最近公司

效益差得很，工资发不下来，我们同事都只发了这些，没办法的事情……”不难看出，阿强的脸色变化、眨眼的动作都与平时大不一样，因此小敏完全可以从他的脸上“读”出阿强的谎言。

除了语言，表情也是一种重要的交流“语言”，而且有时候它能表达的信息并不比语言少。在人与人之间的交往过程中，表情是除了语言之外，能够传达信息和感情最多的一种肢体语言。仔细观察别人的面部表情，往往更能清晰地了解对方的心理变化。

有人说过：“面部表情是多少世纪培养成功的语言，是比嘴里讲的复杂千百倍的语言。”的确不假，如果我们对于他人所表现出来的面部表情能够读懂，我们就能够明白对方的内心思想。有时候，面部表情其实就进一步折射了人物的详细心理，学会察言观色，才能及时进行识别，更好地窥探人心。

心细的人，在和别人进一步交谈时，就能观察出来对方是否喜欢和自己谈话，是否可以给出一个满意的答案。因为在谈话过程中，表现出来的神色、表情都是很有力的一种判断依据。

想要扩大自己的人际关系，一个必要手段就是进行交际。而且，需要注意一点的是，在进行交际的过程中，必须学会察言观色，任何一个表情信号都要及时捕捉，及时发现有价值的信息，从而为做好交际打下一个良好的基础。

当人身处一种惬意、精神比较愉悦的处境中时，脸部表情也是一种放松状态。因此，我们想要知道对方心情如何，完全可以通过捕捉细微的表情来作出判断。

而当一个人处于悲伤郁闷的时候，他的神情通常是黯然失色。一旦遇到不高兴的事，心情就会变得悲苦沉闷，凝眉也是常有之事。在大脑分泌了悲情因子以后，脸色就会变得黯然，从而失去光泽，眼神也不再熠熠生辉。如果在与人交谈的过程中，发现对方出现这样的表情，应该懂得适可而止。

如果一个人脸上的表情过于夸张或是僵硬，那么证明他不是发自内心地高兴或悲伤。因为，如果是真正的开心或悲伤，这种情绪是完全藏不住的，就算一个人伪装得再好，他的表情也会暴露他的状态。通常而言，这种夸张的表情持续的时间也不是很长，时间一长，眼里肯定会透露出疲惫或黯然。

除此之外，还有一些具体的表情符号：在交谈时，如果对方的嘴角下垂、眼神暗淡，则表示他感觉不自在，很尴尬。如果对方嘴巴抿紧、鼻孔向外翻，则表示这个人很生气，这时候你要赶紧远离或及时调整紧张的气氛，万不可火上浇油。在交际中，我们还要善于区分别人的笑容。有的笑容是真心的，有的则不是。当一个人发自内心地笑了，眼角会有轻微的皱纹，佯装出来的笑容通常就没有。当别人的瞳孔忽然放大了，激动、兴奋、恐惧等都有可能是其情绪变化的原因。当别人开口说话后，立即抿嘴，则表示他对自己的话很不自信，甚至怀疑自己。如果对方脸上惊讶的表情持续了几秒，或眉毛上扬，则表示他不是真的吃惊。

当然，有一部分人的脸上几乎没有表情，所以想要捕捉也是很困难的，这类人通常都是社交高手，他们有着强大的社交心理，因此与这种人交往，一定要小心谨慎。他们既能伪装自己，又能洞察别人。

在与人交往时，如果读不懂他人的表情，很容易形成误解，从而做出错误的判断，难免会感觉掣肘。如果我们能够真正洞察他人的表情信息，就会得到更多有价值的东西，如此才能收获更多，成为拥有“火眼金睛”的强人。

2. “眉”目传情：一眼看出他人的态度

相对眼睛来说，双眉扮演着配角，如果眼睛是一朵红花，那么双眉就是点缀红花的绿叶。人们常说眉毛是眼睛的“卫士”，因为作为一道天然屏障，眉毛对眼睛有着很好的保护作用。同时，眉宇间的动作也可以丰富人的面部表情，当然，还能在不经意间反映出人的真实内心活动。

一个人的喜怒哀乐都可以通过眉毛表现出来。我们中华文化中有很多与眉毛有关的词语，从中就可见一斑：表示高兴的词语有“扬眉吐气”“眉飞色舞”“喜上眉梢”“眉开眼笑”；表示愤怒的词语有“横眉冷对”；表示忧虑的词语有“愁眉不展”“双眉紧锁”；表示聪明的词语有“眉毛一动，计上心来”。所以，千万不要忽视小小的眉毛，它也是情绪变化的“晴雨表”。

眉毛的微表情可以透露出情绪的信号。众所周知，眉毛是具有表情功能的，当人们的心情发生变化时，眉毛也会随之发生变化。

那天，财务部经理小吴抱着一摞厚厚的档案去向总经理汇报这个月的工作。但是当他到了办公室时，发现总经理正忙着批阅手中的文件。

总经理看了一眼，示意他先坐会儿。于是小吴坐在旁边的沙发上，翻了翻自己手里的资料。总经理斜看了他一眼，没有说什么，而是继续批阅手中的档案。

过了很久，总经理才要查看文件。小吴递上文件以后，站在一旁。只见总经理一边翻文件，一边问小吴公司本月的进账数目，小吴自豪地回答说一百二十万五千多，总经理挑高了一下右边的眉毛，随后又恢复平常的表情，接着问公司支出的数目，小吴看到总经理的右眉抬高好几次，但是他也没有放在心上，他自豪地回答说五十一万六千多，总经理的右眉再次挑高，但是面不改色地夸赞了小吴。

看到总经理的这番表情，小吴以为总经理很欣赏他，便开心地回到了自己的办公室。可是，就在第二天，他接到了被公司辞退的通知。小吴不理解怎么回事，想找总经理问个清楚，却被总经理的助理拦在了门外，助理气愤地告诉小吴，总经理很早就怀疑他的账目有问题，所以一直在暗中调查他，发现他每次上报的账目与实际账目都存在很大的出入。知道真相的小吴，哑口无言。

在职场中打拼的你，是否对上司曾经不由自主地抬高右边眉毛有过留意呢？我们知道双眉上扬是为了表达一种欣喜之情，但若只是抬高右边的眉毛又表示什么意思呢？

在故事中，小吴虽然注意到了总经理眉毛的变化，但是却没有解读出其中的含义。抬高右边的眉毛，这种表情在于扬眉和低眉之间，它既不是很高兴的意思，也不是很沮丧的意思，这个表情是表示对你的话持有怀疑的态度，并不相信。若是小吴能够读懂总经理这个眉毛所代表的含义，早一点儿发现总经理已怀疑自己，也许他就能及时住手，最终也不会被辞退。

通过上述的例子，我们知道了眉毛也能传达情绪，其实，在生活中我们经常会遇到眉毛带来的信息。例如，扬眉就是一种远距离打招呼的方式。这在世界上大部分地区都适用，不过在有些国家，这是一种粗鲁的动作，被视为一种性暗示。所以要避免使用这个动作，以免引起误会。单眉上扬，通常表示内心充满了不解和疑问。还有皱眉，因为它可以代表多种不同的情绪，所以也较为复杂。很多时候，皱眉代表的是人内心的不平静。在生活中还会遇到“打结的眉毛”。“打结的眉毛”，通常是指两条眉毛同时上扬并相互趋近。一般情况下，这种表情表明了内心深处强烈的忧郁与烦恼，较为缓和的慢性疼痛也会出现“眉毛打结”的情况。

通过眉毛的微表情变化，人们内心深处的感情变化可以更加充分地表现出来。了解了这些，我们就能够更好地体察他人的情绪变化了。

3. 通过对方眼睛，看出TA内心的秘密

都说眼睛是一个人心灵的窗口，想知道一个人心里在想什么，那么通过对其眼睛的仔细观察就能够进一步得出答案。有时候，一个人的语言可以说谎，但是他的眼睛却不能欺骗他人。因为眼睛的运动是一种独立、自觉、不受意志控制的状态。

一个人的眼睛里能够传递出最真实的信息，同时这种信息也是最有价值的。所以，在人际交往中，要学会观察对方的眼睛，通过心灵的窗户，读懂对方内心的秘密，再沟通起来，将会顺畅无比。

琳琳从老家北上，到北京打工，一开始在一家百货公司的化妆品专柜做销售。

有一次，她遇到一个顾客，这个顾客在她们专柜看了很久，对其中一些化妆品很感兴趣。这位女士拿着一套化妆品不断地翻看。琳琳

非常高兴，她认为这位女士一定是准顾客。于是，她认真地为这位女士介绍这款化妆品。

琳琳连续讲了十几分钟，然而，这位女士仅仅是睁大眼睛盯着她看。等琳琳讲完后，这位女士拿着化妆品考虑了一会儿后就还给琳琳，转身走了。

事后，琳琳也没搞清楚，这位女士明明非常喜欢这款化妆品，而且自己也耐心地向她做了介绍，可是，究竟是什么原因让她离开，她也不知道。

由此可见，在进行销售的过程中，对于销售员来讲，抓住顾客的眼神是很容易的一件事，但是，能否正确解读顾客眼神里反映出来的心理活动就具有一定的难度了。因为顾客显示出来的不同眼神能够使销售了解到一些有用的信息，这样会进一步达成最终的交易。就这个故事来说，当这位女士一直睁大眼睛盯着琳琳看的时候，她的态度和情绪就已经表现出来了。虽然琳琳注意到了女士的表情，但是，她并没有理解其中的意思。

对销售员来说，能够观察出顾客眼神里反映的心理变化，是达成交易的最好办法。眼神能反映一个人的心灵，就算是人的眼神转瞬即逝，我们也可以从中观察到很多信息，看到顾客丰富的情感和意向，从而掌握他们内心深处的秘密。所以，销售员在同顾客交谈的过程中，一定要善于把握顾客的眼睛所透露出来的信息。

保险推销员小周来拜访一位顾客，来给他开门的是一位中年妇女。她一看对方是个陌生人，便没多说话，而且眼神中多了几分敌意。小周看到这种情况，立马把自己的名片递到这位妇女的手中，并简单地介绍了一下自己。于是，这位妇女让小周进了家，小周觉得这位妇女眼神里透着一股冷漠，提醒自己要小心交流。

进屋后，小周简单地对自己的业务做了介绍。妇女用怀疑的眼神看着他，并且态度很冷淡，虽然她没有说什么，但是看得出她对小周有些害怕。小周知道顾客对他很警惕，因此，他试图消除顾客的这种态度。于是，小周告诉这位妇女，他们是一家信誉度很高的企业，这个小区有很多顾客都买了他们的保险，最近他们公司又推出了一种新的业务，非常适合这位妇女的家庭，可以考虑一下。还可以咨询楼下的张太太，她也购买了自己公司的保险。

妇女听到小周的这番话，慢慢放心了。这时，正好她的小孩放学回来了，小周便与孩子一起玩耍起来。看到小周很会哄孩子，妇女对他的看法发生了转变，认为他很真诚，也很负责。于是，她的眼神也变得友好多了。小周看到机会来了，便再次对妇女进行了说服，最后，妇女决定购买他的保险。

眼神是交流信息的一个渠道，如果你不能通过眼神传达或接收思想，那你就很难灵活地与人交流。与人交流，一定要多学习透过眼睛识人的技巧，这样你才能得知对方的真实思想，把话说得恰到好处。

不同的眼神代表着不同的含义。直盯着看一般代表怀疑。当你与对方交流的时候，发现对方一直在盯着你，这个时候，不要以为对方对你说的话很感兴趣，因为，对方如果一直盯着你看，那么就往往代表着他们对你说的话或者是介绍的产品有质疑。而你若是看不懂的话，就会出现问题。就像一开始讲到的故事中的那位顾客一样，她表现出的眼神就是直盯着销售员琳琳看，表明她已经对琳琳所介绍的产品出现了怀疑的态度，但是由于琳琳没有读懂顾客的表情，反而觉得顾客很关注她介绍的产品，最终导致顾客离开了。

眨眼的快慢代表是否赞同观点。如果一个人对另外一个人的观点不认同时，他通常会出现眨一下眼睛的动作，这个频率会非常慢，这样能够表达出他的蔑视和嘲笑。如果你发现你的谈话对象眨眼的频率相当慢的时候，那么基本上说明对方对你的谈话内容不感兴趣，所以这个时候就不要一直讲下去了，否则会引起对方的反感。为了解决这种局面，一定要积极改变聊天策略，通过适当地转移话题，来说服对方。对方如果表现出眨眼频率变快的动作，那么说明他在对你所说的话进行考虑，这时就意味着你的话起到了一定的说服作用，顾客开始出现动心的想法。

目光斜视有时候也能反映出一个人复杂的心理。要是对方的目光变得游离，开始从你的身上转移到了其他地方，或者斜着眼睛看你，那么代表对方对你说的话很感兴趣，希望加深了解，但是也不能排除对方有可能是厌烦，保持警惕的心理。所以，面对这种神情，你需要好好去观察、分析。通常来说，假如对方在斜着眼睛看你的时候，他们的眉毛要是轻轻上扬，或者是微笑着，那么就可能是对你的一种认可，对你的话比较感兴趣。假如对方的眉毛压低，眉头紧锁，或者嘴角下拉，说明他们对你的敌意增强了，此时，你就要想办法消除化解他们心中的疑虑，重新把他们吸引过来。

总之，一个人的眼神更能反映出他们的想法，要比他们的语言可靠多了。我们每个人都应该学会准确判断对方的眼神，从他们的眼神中不断地获取信息，以便在交流和沟通时取得事半功倍的效果。

4. 紧闭双眼，对方已经取消对你的关注

睁眼、闭眼是一个人最常见的眼部动作。一般来说，白天的时候，人会一直睁着眼睛，除非是十分疲惫才会闭上眼睛休息一会儿。而在销售的行业里，如果客户对你的产品感兴趣，他不仅会保持正常的眨眼状态，而且还会睁得大大的去看清你的产品，或者是获取更多的讯息。但是，如果客户对你的产品不感兴趣，那么就会呈现出一副心不在焉的神态，逐渐地闭上双眼。

赵云飞是一名手机推销员。这天，他与一位客户联系过后，决定向客户大力宣传一下自己的产品。在经过一番详细的介绍之后，客户提出要求，希望他能携带一些手机样品前来洽谈。

于是，按照之前已经约好的时间，赵云飞带着手机样品早早地来到了客户办公室。但是，到了之后让他感到很失望，因为客户并没有

按照约定的时间到达，反而来晚了整整一个小时。

看这种情势，他隐隐约约感觉这次签单不会很顺利。见到客户之后，他把自己的手机样品双手递上，客户接过之后，查看了一番。

这时，赵云飞便自顾自地开始介绍，说这是一款刚刚上市的手机产品，它不仅质量优秀，而且价格也十分廉美，至于它的外壳更是精美无比。

客户听完他的介绍，放下手中的样品，有些不以为然地说，感觉这款手机跟市场上的产品差不多，不具备什么突出的优势。

赵云飞一听，有些着急，便强调自己产品所具有的与众不同之处，颜色种类繁多，手机功能也很全面，除了能够听音乐、照相、上网，还可以观看电视。他讲得滔滔不绝，却没有发现此时的客户已经闭上了眼睛，过了好长时间，赵云飞说如果客户一次进货500个，那么可以给他便宜100元。

看到半天没有答复，赵云飞回头一看，客户正紧闭双眼，像睡着了一样。赵云飞看这般形势，知道客户对他的产品已经完全失去了兴趣，于是，礼貌地与客户告别。他闷闷不乐地从公司出来，抬头望了一眼客户办公室的窗户，叹了一口长长的气，心想这个客户真让人难以捉摸。

细细想来，客户的心思真的有那么难以捉摸吗？你是否也遇到过这种情况，那么面对客户的这种情况，你是怎么解决的呢？

读完这个故事，我们也能明显地感受到客户对这个推销员的产品并不感兴趣，所以，也就毫无疑问地出现了后面的一系列状况，面对赵云飞滔滔不绝的介绍，客户没有一点反应，反而不自觉地闭上了双眼，直到赵云飞注意到客户的动作，才明白自己无法打动客户，于是只好告辞离去。

不仅仅是销售，当我们在日常进行沟通中，如果对方双眼紧闭，一定不要持续这种局面，要想办法把这种局面打破，继续对话，除非你能够确定对方对你的谈话内容丝毫不感兴趣，那就终止谈话；如果对方对你的谈话内容保持一定的怀疑，你可以适当地提供一些证明，打消他的疑虑。

想要成为一名社交达人，就应该时刻做到尊重彼此，不去强行辩解，也不随意批评他人的观点。

虽然，睁眼、闭眼是再常见不过的眼部动作，但是在不同的情况下，闭眼却能够代表不同的含义。按照生理学的角度来说，可以分为以下几种情况：第一种是人在休息的时候会闭上双眼，因为一个人疲惫到某种程度的时候，便渴望能够小憩一会儿。在小憩时，双眼自然会闭上。第二种就是遇到危险时会闭眼，因为一旦一个人遇到危险，会不由自主地闭上眼睛。由此可知，闭眼这个动作还在很大程度上暗示了一个人想要保护自己的心理。第三种是受到胁迫时同样会闭眼，当一个人感觉自己受到了胁迫，或者碰到了自己不喜欢的人或者物时，就会主动闭上眼睛。这种动作主要是想通过阻断视线，避免让自己看到不想看的东西。所谓“眼不见心不烦”指的就是这个意思。第四种是心不在焉时也会闭眼，如果一个人想要表示对你的轻蔑、生气，甚至听到不喜欢的声音，都会闭上眼睛。这个动作表示对方也许是心不在焉，也许是对你起了疑心，也许是对你表达不满。

通过闭眼可以看出一个人的心理、想法或态度，在交往过程中，我们要学会观察对方的眼睛，从眼神里看出更多的信息，这样会对自己达成目标有一定的帮助。

5. 不能轻视鼻子，它的动作带来很多讯息

鼻子的微表情，对于判断一个人的情绪变化，也可以提供一定的线索。文学作品中，我们经常能看到“他鼻孔朝天，一种自高自大的神态”“他仰起鼻子，露出轻视的表情”“他鼻尖朝地，对此不屑一顾的样子”等类似的描写，这说明鼻子可以表达出“傲慢”一类的情绪。鼻子朝天就直观地表达了“傲慢”的意思，当你看到某人的鼻子“朝天”，没有在正视你，那么这个人肯定没有打算和你交往，更不愿与你谈心，这种傲慢的姿势显然只是希望看到你的头顶而不是你的目光，因而，对于有这种举动的人，一定要小心提防。

事实上，鼻子所传递的信息远远不止这些，它能够给我们提供丰富的非语言信息。

一天，王晨在下班时看到了晓悠从总经理的办公室中走出来，她

的脸上写满了沮丧。但再仔细一观察，王晨发现晓悠鼻孔放大，鼻翼翕动，王晨看出，晓悠现在正处于一种极度恐惧的状态中。

王晨想上前安慰一下晓悠，于是慢慢走了过去。但晓悠好像没有看到王晨一样，从他的身边擦肩而过。王晨赶快回过身，用手轻轻地拍了拍晓悠的肩膀，当王晨正准备和晓悠说话时，晓悠突然火冒三丈地吼道："你干什么拍我，离我远一点。"晓悠在说话时，鼻孔变得异常胀大，并睁大双眼瞪着王晨。

王晨被吓了一跳，他没有想到平时温文尔雅的晓悠怎么会突然这么大的火气，但站在原地又略有些尴尬，于是王晨挠挠头说道："我看到你心情不好，想着过来安慰安慰你，询问你有什么需要帮忙的，我没有别的意思。"

晓悠也发现自己刚才好像失态了，又听到王晨这么暖心的话，眼泪瞬间流了下来，哭着说道："我不干了，我要辞职。"

王晨看到晓悠的这个状态，瞬间明白了。一直有传言说总经理好色，喜欢对年轻漂亮的女同事动手动脚，一开始王晨还不相信，但今天发现确有其事。王晨同时也对自己刚才鲁莽的动作感到后悔。刚才从晓悠胀大的鼻孔可以看出她是多么恐惧，而自己又伸手拍她，更增加了她的恐惧，难怪她会发那么大的火。

人在愤怒时，鼻孔会胀大，鼻翼会不停地扇动。在谈话的时候，如果对方的鼻子有稍微胀大的情况出现，这很可能意味着对方对你有所不满，或者对方抑制了自己的情绪。这个时候，你要么选择离开，要么立刻与对方积极沟通。案例中的王晨就是不明白这个道理，才会引来晓悠的怒火。

在与他人交往的过程中，我们可以通过观察对方鼻子的一些细微特征去判断这个人的情绪和态度。

皱鼻代表着厌恶。皱鼻子的人看起来像是闻到了一种不好闻的气味。这种习惯性的行为除了受自然环境影响之外，主要受情绪以及对待事物的态度的影响。如果仔细观察，你会发现一些人的鼻子两边有明显的皱痕，这代表了这些人的内心正处于怨愤与不满。所以说，如果看到皱起的鼻子，千万别以为你面前的人只是鼻头发痒，否则你很可能会陷入更糟的处境，因为“皱起鼻子”再加上一副严肃的面容代表了一种厌恶和轻蔑的态度。

鼻头冒汗反映出紧张心理。如果一个人的鼻头冒出汗珠，表明这个人在内心深处十分焦躁或是特别紧张。如果鼻子整体处于一种泛白状态，那就能在很大程度上反映出对方有一种畏缩前的心理情绪。

摸鼻子代表着掩饰。摸鼻子在所有有关鼻子的动作中，可以说是最为复杂的一种动作。如果在进行谈话的过程中出现“摸鼻子”的现象，这主要是因为对方问了一个自己难以进行答复的问题，面对这种情况，人们的内心便会形成一种混乱，为了能把自己内心的混乱掩饰起来，尽快地找出一个合理的答案应付，手自然而然地就会去触摸鼻子，也许还会捏、揉，或者特别用力地压挤鼻子。这种情况往往是因为人们内心产生的冲突会给鼻子造成压力从而产生不适感，这就使得人们的手不得不抚摸鼻子。当然，这种情形常出现在不善于撒谎的人身上。

一个人在沉思的时候摸鼻子，说明他的内心正在进行着激烈的斗争，正处于犹豫不决的状态。而在听对方说话的时候摸鼻子，则代表了他对于对方所说的话抱着不相信的态度，并在思索对于这些不值得相信的话自己该做何种应对。

用手触摸鼻梁是为了减压。是因为正在思考难题或者身体处在极度疲劳时期，而这个动作出现可能是想要减轻因内心的冲突或紧张而使鼻窦部位产生的轻微的疼痛感。

此外，鼻子的动作还有很多。虽然不能只单纯地依靠观察鼻子去判断一个人的情绪变化，但这个特殊的部位会给我们分辨人的情绪提供许多信息，让我们可以通过它的微小变化解读隐藏在鼻子背后的秘密，有助于我们进一步地掌握和解读对方更多的心理信息。

6. 嘴巴上的变化，最能反映内心

在生活中很多的话都是从我们的嘴巴里讲出来的，而且嘴巴是我们宣泄内心情感的重要通道。尤其是在通过口头语言进行交流的时候，嘴部动作可谓丰富多彩，能够真实地反映出说话者的情绪。从古代的相术到现代的心理学，嘴部一直都是广受关注的部位，最能反映一个人的内心。

根据嘴角形成的弧度不同，嘴部动作能够分为以下几种：（1）张开；（2）闭合；（3）向上；（4）向下；（5）向前；（6）向后；（7）抿紧；（8）放松。不同的嘴部动作反映出来的心理活动也有所不同。

当人们处在一种很大的压力氛围中时，常常会感到口干舌燥，这个时候舌头就会不断地去舔舐嘴唇，让它变得湿润一些。同样的道理，当人们感觉不自在或者心里比较紧张的时候，也会用舌头反复地摩擦嘴唇，安慰自己放松下来。然而，在人际交往的过程中，反复地去舔舐嘴唇不仅不会令人感到更自信，它还会让人感到更加的紧张。因此，建议少做这些动作。

如果一个人的嘴唇往前噘，这代表他心里不满意或者有着不同的意见。心理学的角度认为这是当事人希望将不满意的意见“拒之门外”。在开会的过程中，我们或许会看到这种现象，当一个人对其他人发表的意见表示不赞同的时候，往往会做出这样的举动。值得注意的是，噘嘴除了有心存不满的意思，还有一种情况就是常见于爱撒娇的女性。因此，在做具体的分析时，要把不同的肢体语言和情景放在一起进行判断，切记一概而论。

撇嘴，具体是指当人们不开心的时候，通过下唇向前伸、嘴角下垂的动作来表达自己的情绪。撇嘴正好是与嘴角上扬相反，表达了一种负面的情绪。一般来说，人们只要脸上浮现出这种表情，那么就说明他们正感到悲伤、绝望、愤怒或者不屑、鄙夷。

抿嘴，则是当人们处于一定的压力环境下时，会刻意藏起或拉紧自己的嘴唇。压力越大，嘴唇会越扁平，甚至变成一条线。此时，表示人们的情绪和自信都已跌至谷底。从心理学的角度来看，出现嘴唇紧抿的情况，是自我抑制的一种表现。

不同的嘴部动作可以反映出不同的心理活动，同一嘴部动作也可以反映出多种内心活动和情绪特征。比如，咬嘴唇这一动作就包含了很多层含义。有些人之所以出现这种情形，多半是与人体在紧张时所产生的生理反应有一定的关系。人一旦处于紧张的环境中时，心跳就会加速地跳动，血液的流动也会加快，因而流经唇部的血液也会相应增多，导致人的嘴唇出现一种微胀感或微痒感，这种热乎乎的感觉总会让人下意识地想去碰触它，而上齿咬下唇就是一种最简单又最隐蔽的方法。

内心感觉紧张时，人们会咬嘴唇。如心是某公司的新职员之一，同时，她也是一名应届毕业生。她对自己的第一份工作十分珍惜，每天都是投入百分之百的热情到工作中。由于她的态度积极，工作成绩也非常不错，在公司召开第一次全体员工大会时，领导推荐她为新人代表上台发言。这是如心第一次站在台上面对那么多领导和同事发言，心中难免会紧张，她每一次说话停顿的时候都会不自觉地咬住下嘴唇，思考几秒之后再继续发言。这样的她显得既单纯又实在，虽然她在台上的发言说得不够连贯，但领导都能看出她对工作的用心，因此都对她十分肯定。

当犯错误或遭遇失败等情形时，人们也常常会做出咬嘴唇的动作，似乎是在有意惩罚自己。锐锐是一名高中生，平时学习成绩十分优异，在班级里各个方面都表现得很不错，还被老师评选为班级“三好学生”。但是有一次，锐锐在英语摸底考试的时候，坐在后面的小杰英语成绩很差，悄悄地拍拍锐锐的后背，小声示意要锐锐把试卷给他抄，锐锐碍于同学情分，不好拒绝，便将试卷放于桌角让他抄了答案。谁知考试成绩出来以后，两人答案一模一样，英语老师一看便猜到是二人在考试过程中作弊了。于是老师将锐锐叫到办公室，问他怎么回事。锐锐站在老师面前，低着头，紧紧咬着下嘴唇，最后向老师

承认了错误，并表示不会再有下次了。

从心理学角度看，嘴部动作之所以能够表达主人的内心活动，是因为人的脸部肌肉组织会随着情感的变化而变化，尤其是眼睛和嘴部四周的肌肉最为灵活，所以，当人们说话时，内心情感也会通过嘴部微小的动作体现出来。因此，我们想要了解一个人的性格，可以通过分析这个人的嘴部变化，帮助我们走进他的内心世界。

小小的嘴部动作能透露出变幻莫测的各种性格和情绪，我们可以通过嘴部动作参透一个人的内心。生活中，如果我们能把嘴部变化透露的内心世界了解透彻，一定会对自己的人际交往大有裨益。

第六章　声音语气易泄底，性格情绪难掩藏

1. 口头禅，让心声脱口而出

“人间不值得！”

“道歉要是有用的话，还要警察干吗?”

“天空飘过五个字儿，那都不是事儿。”

这些耳熟能详的口头禅相信大家都听过。第一句话是现在很火的脱口秀演员李诞常挂在嘴边的，从他的这句口头禅能够看出他对待人生的态度，透露着一股看破红尘、遗世独立的沧桑感；第二句是很早的电视剧《流星花园》中道明寺的口头禅，他自大又目空一切的行为性格跟他的口头禅可谓是交相呼应；第三句是大张伟一首歌中的歌词，也是他经常说的一句话，与他本人对一切无所谓的洒脱劲儿十分吻合。由此可见，一个人的口头禅，往往是他内心性格的真实写照。我们还发现，一个人的口头禅会影响别人的情绪。积极的口头禅会给人动力，赢得他人喜欢；消极的口头禅，会让人听出颓废感，与其聊天也会了无生趣。

小蕾是一家文化公司的初级编辑，文化程度一般，平时负责一些资料整理和打印文件的琐事，混迹在这样一家满是博士硕士文凭员工的公司上班，按理说她的存在应该很不起眼。但事情却恰恰相反，她在这家公司不仅受到大家的喜爱，而且还深得领导的赏识。原因就得益于她积极的口头禅——“还好”。

“还好”这句口头禅传递出的是小蕾积极乐观的一面，不管遇到什么事，到小蕾这儿，都能够让你看到希望。

“小蕾啊，我今天真是倒霉透了，今天在德胜门那边堵车很严重，结果迟到了两分钟。”刚到公司的郑丽丽向小蕾抱怨道。

“还好你只是迟到了两分钟，要是再晚一会儿，你就撞上经理了，那才叫倒霉透了呢！”郑丽丽听了小蕾的话，吐了吐舌头，也为自己没撞上经理而暗自庆幸，因此也就不生气了。

“小蕾，你说气人不气人。今年我做的选题最畅销，为何年度优秀员工是小张而不是我呢?”小王气呼呼地向小蕾说道。

“还好啦！你不是拿到奖金了嘛，而且还给你加薪了。加钱不比优秀员工这个称号更实惠吗?”小蕾笑着安慰小王。小王听到这里，心情瞬间转好了。

所以，在公司任何人提到小蕾，都忍不住夸赞，说她积极乐观，性格开朗，是个很不错的人。

这个评价，大家基本上都是从她的口头禅中得出来的。

就这样，小蕾在公司越混越好，没过多久就升职加薪了，大家都为她感到高兴。

大家为何都喜欢小蕾呢？就是因为从她的口头禅中，可以让大家认识到目前的情况并没有那么糟糕，可以帮助大家从困境中看到希望，从而也反映出小蕾积极乐观的一面，而她把这种积极乐观的精神传递给了公司的每一位员工，让每个人都充满了正能量。因此，小蕾能够在公司取得很好的人缘。

每个人成长的方式不同，生活的环境也不同，因此，说话方式都会有自己独特的一面。经常说的口头禅，通常都能反映出这个人的性格特点。

在《三国演义》中，刘备逢人便说："在下乃中山靖王之后，汉景帝玄孙……"这话到底是不是真的没人知道，总之他说多了，别人也就信以为真了。刘备这句口头禅带给他的，不仅仅是身份上的优越感，而且在他四处逃窜、招人投奔的过程中起了大作用。

刘备出身太低，没有什么资本，只有个皇室宗亲的头衔，但当时汉朝已经岌岌可危，这个头衔的含金量不大，可汉室虽衰却不倒，所以刘备不管走到哪里，都会受到人们的欢迎。比如陶谦、刘表，甚至是曹操，都不敢对刘备痛下杀手，就怕杀了个皇室后裔，会引来天下人非议。

从刘备的口头禅中，可以看出其善于包装自己，以此笼络人心，希望能够击败曹操重建刘家天下。所以，我们一定不能小瞧了口头禅的作用，尤其是在与人沟通的过程中，要留心每个人的口头禅，通过这简简单单的一句话，很可能就能透露出对方的性格特点，从而成为了解对方的敲门砖。

大家可能会有疑问，如何通过口头禅去判断对方的性格呢？哪些话又能反映出对方怎么样的心理呢？下面，我们通过几个常用的词语，来进行具体的分析。

在生活中，我们经常会听到有人说话时总爱用“据说”“听说”这样的词语，常用这种口头禅的人一般都缺乏主见，判断力不强，只会人云亦云。但同时，这样的人又比较圆滑，他们这样说，是不希望为自己的行为或语言负责。对于这类人的话，最好不要全信，最多听听也就罢了。

还有一类人喜欢肯定别人的意见，常会说“你说的对”“是的”“的确如此”，这类人和上面那类人一样，也是缺乏主见。这类人常常会处于弱势的一方，在交际中总是处于被动，很容易被对方改变自己的想法，从而被对方牵着鼻子走。

还有人无论在说什么话时，总喜欢有个转折，“但是……”“不过……”是他们的口头禅。这类人性格较温和，说话也比较委婉。他们大多是交际场合中的老手，从不会把话说绝，会给他人留面子，更会给自己留余地，这种人通常会很受欢迎。

如果我们留心观察，就不难发现，很多人都有自己的口头禅。也许是自己发明的，也许是学来的，但无一不透露着他们的性格特点。因为口头禅是个习惯，很难一时改变。

在生活中，我们经常与别人打交道，因此一定要学会通过口头禅分析对方的性格情绪，从而让自己在沟通中能够做到知己知彼。唯有这样，才会赢得交际的胜利，更赢得他人的真心。

2. 语速快慢不同，内心状态不同

留心观察，你会发现，人在说话时会自然流露出心理、感情和态度。其中，语速的快慢缓急直接反映着说话人的内心状态。

据了解，大部分人说话的速度每分钟在300～500字之间，但是不同的人，说话速度略有不同。那么，令人好奇的是，到底是什么影响了人们的语速呢？经心理学家研究发现，语速的快慢，其实与人的内心状况紧密相连。所以，说话语速快慢的不同，会进一步表明其内心的具体状况，而想要真正了解一个人的内心，就必须得仔细观察和聆听对方的语速出现的变化。

比如，有的人平时特别能说，突然在某个时刻变得结巴说不出话来，或者是有的人平时特别不爱说话，突然在某个时刻变得滔滔不绝，这样一般都事出有因，代表这个人的内心正在发生着一些微妙的变化。不过有时候，也会出现一些特例，比如，某个男人一直都在暗恋某个女人，平时他在别人面前能够做到谈笑自如，但是，一旦面对那个他喜欢的女人，他就会变得不知所措，甚至不知道要说什么，说起话来也会含含糊糊、慢慢吞吞。这就说明这个男人此刻非常紧张。

另外，我们经常看到这种情况，平日里说话一点也不急的人，在面对其他人对他说出不利的话的时候，如果他用快于平常的语速大声地进行反驳，那么这些话可能都是对他的无端诽谤；如果他的反应是支支吾吾，半天说不出话来，那么很可能就是事实，是他自己心虚。反过来，要是一个平时说话语速本来很快的人，突然放慢了自己的语速，那么他一定是想特意强调什么东西，希望引起别人注意。

语速的快慢变化，可以清晰明了地看出一个人的内心波动情况。日常交际中，我们要学会善于观察对方说话时的语速，进一步洞察对方的内心状态。

一般来说，如果一个人的说话语速突然变得很慢，那么这个人应该处于心情比较沉重的处境中。最明显的例子就是，每当新闻联播在报道灾难或者某个重要人物去世时，播音员的语速都会减慢。另外，如果对于某个人心怀不满或者持有敌意的态度，人们说话的速度也会变得迟缓，甚至会给人一种木讷的感觉。因为他们不想把这种情绪完全表现出来，但事情往往越是掩饰，别人看得就越清楚。而当一个人过于紧张、愤怒、兴奋、急躁或恐惧的时候，语速会突然加快，因为他们希望借着快速的谈吐，缓解自己内心的紧张情绪。

朱莉是一位知名媒体的主持人，从小就很崇拜温文尔雅、知识渊博的教授级的人物。偶然获得一次采访自己偶像的机会，朱莉兴奋不已，并积极地准备各项采访事宜。虽然准备工作做了很久很充分，但是在采访中，偶像如此近距离地坐在自己对面，朱莉还是难掩激动和紧张之情，一时语速就变得很快。

这位教授似乎看出了朱莉的紧张，用不疾不徐的语气说："能把语速稍微放慢一些吗？我有点跟不上你的节奏。"

教授从朱莉语速的快慢中洞悉了她的紧张，并用适度的语速提醒了她，让朱莉的紧张得到缓解。而朱莉从教授不疾不徐的语速中解读出了教授对待自己像平时教导学生一样语重心长，耐心而谦虚。

虽然采访之初，朱莉有些紧张，但是，不得不说，促使此次采访圆满结束的重要因素是朱莉和教授之间对语速的正确解读。教授帮助朱莉缓和了紧张的情绪，同时也彰显了教授自身温文尔雅的气质，所以不管是对朱莉而言还是对教授而言，这次采访都非常成功。

心理学家约翰·布鲁德斯曾给了我们这样的一个启示，说话语速的快慢实际上包含着很多的重要信息，而这些重要的信息往往能够把一个人的心理特征直观地反映出来。所以，不要简单地认为语速的快慢只是一种普通的现象，它能在很大程度上折射出一个人的内心，明确传递一个人的具体情绪。

说话语速很快的人往往性格比较外向，思维敏捷，应变能力强，他们知道见什么人说什么话，因此在交际场上游刃有余。但是这种人情绪多变，性格比较暴躁，容易生气。语速平缓的人说话不紧不慢，即使有紧急的事情，也照样雷打不动地用他独有的语速来转述给别人听。这种人大多待人宽厚，富有同情心，能够关心和体谅他人，但是往往比较保守，思维不够敏捷，做事情缺乏魄力。还有一种语速极慢的人，这种人性格软弱内向，对自己缺乏信心，为人有些木讷，不擅于与他人交往。

所以，想要读懂人心，你必须学会听出一个人说话时的语速变化。把握好语速的变化，你就等于把握住了对方内心情绪的变化。

3. 从对方的言辞之中，捕捉他的弦外之音

在听别人说话的时候，除了要听懂字面的具体意思之外，还应该能听出对方的弦外之音。当然这不是一件容易的事。在一些较为重要的场合之中，有人总喜欢把自己的真实想法隐藏在语言中，这时就需要进行仔细的推敲，否则想要发现对方的“话外音”还是有一定难度的，因为你若是不明白对方的真实想法，那么又该如何回应对方呢？

所以，在与别人进行沟通的过程中，我们先要学会去“听”，善于捕捉对方言辞中的弦外之音，对对方有所了解。这样，才能用较为准确的言辞回应对方，从而让沟通朝着自己理想中的方向发展。

如果听不出对方的言辞究竟是赞美之词、肺腑之言，还是只是用来敷衍的客套话，那很有可能会进一步激化双方的矛盾，最终无法进行沟通。

小张在A公司做一名销售人员，他们公司的主要业务就是负责高级公寓小区游泳池的清洁工作，同时还承包相关的景观工程。B公司的具体产业则包括了12幢豪华公寓大厦。一天，小张向B公司的董事长吴先生介绍了自己公司的服务项目。前期介绍还是比较顺利的，可是，往后的介绍，吴先生提出了自己的意见。

吴先生告诉小张，他自己看过小张所在公司提供的服务水平，花园整理得非常漂亮，维护得也非常好，游泳池打扫得也是特别干净。但是，小张的公司一年下来一共要收费10万元，这个价钱还是有些贵的，他接受不了。

小张解释说，其实这个价格并不算贵，因为他们公司制定的价格是符合市价的，包括其他公司也都是这样的价格。

吴先生又说："既然这样，你们提出的10万元倒也不贵，但是我目前无法一次性支付这么多钱，要是你们这里能想到一个周全的方法，我可以接受，因为我很喜欢你们公司提供的服务，可是，现在的问题就是难以支付你们说的这个价格。"

小张听完吴先生的话，心里也不能确定对方是否想认真谈生意，因为价钱不是很离谱，但是对方显然很难接受。于是他告诉吴先生，价格实在没有办法再降低了，很遗憾不能合作了。

最后，这笔生意没有谈成。

其实，从吴先生的言语中我们能够得知，他是不愿意放弃这单生意的，他是希望能够找个折中的方法来解决。然而，小张并没有读懂吴先生的言外之意，于是回绝了他，所以生意也没有谈成。第二天，A公司派销售小刘继续和吴先生去谈，结果竟然完成了这笔生意，究竟是什么原因呢？

吴先生告诉小刘，他在很多地方都看到过小刘所在公司的服务水平，整体效果非常棒，花园整理得很漂亮，维护修整也很到位，游泳池也特别干净，然而，一年就要收费10万元，价格有点昂贵。

小刘听完吴先生的话，明白了他心里的顾虑，他知道吴先生想要做成这笔生意，只是对于一次性交付10万元有点接受不了，所以要尽快想到解决方法。接着小刘问吴先生，对其他公司的服务是否满意，吴先生告诉小刘："特别不满意，虽然用氯进行消毒没有太大问题，但是花园整理较差。我们的住户经常会抱怨游泳池里有落叶。住户们花了很多钱，他们不希望自己住的地方乱七八糟的！虽然我和现在的公司沟通了很多次，但是他们依然没有改进，住户总是打电话投诉。"

小刘："那您就不担心住户会搬走吗？"

吴先生："当然担心了。"

小刘："你们一个月的租金是多少钱？"

吴先生："大约是3000元。"

小刘："那么就是说，每一位住户每年付给您36000元了。您知道，好的住户很难找，所以，只要可以多一些好住户，您再多支出2万元不是非常值吗？"

吴先生："确实是这样，但是我不能一下子付出10万元，这样我会不踏实的。”

小刘：“要不然，您分为两次付款，把清洗花园和泳池分开来结账，这样您就可以踏实一点，而且，您也不会感到资金紧张。”

吴先生：“太好了，我们谈谈什么时候开工！”

就这样，这笔生意被善于听言外之意的小刘谈成了。

通过以上两个小案例，我们能够清楚得知，进行沟通时能听懂对方的弦外之音，便能对应说出对方想听的话，从而顺利地进行沟通。

想要听懂对方的弦外之音，应该做到以下几点。

首先，善于捕捉对方话里的一些关键字眼。如果不是由衷地去赞美一个人，出现“还行”“还不错”这些字眼就很可能是对方为了敷衍你而说的客套话，你要是能听出这层意思，就可以说：“您能给出一些具体的意见吗?”对方这时才可能表达自己的真实想法。另外，人在说言不由衷的话时，还常常会用到这些字眼，如“老实说”“说真的”“坦白说”等，其实对方往往并没有他说的那样老实，很可能这些话都是假的。例如，如果对方告诉你：“坦白说，这已经是最低价了。”他的弦外之音是“这个价格即使不是最低的价，你也会接受”。这时，你可以说：“我看未必吧，据我所知，这个价格和贵公司的最低价还是有一定差距的。”用这句话来表达拒绝，对方可能会重新对价格问题进行考虑。

其次，一旦感觉到对方说话的口吻有所变化时，这时就要有所注意了，思考对方是否会有弦外之音。你可以打断对方，询问他有什么不满的地方，让对方说出自己想说的话，沟通会进一步变得顺利。

最后，当对方想说话，却一副欲言又止的样子时，注意他的话中很可能会出现弦外之音，这就需要你去主动挖掘。你可以告诉他尽管畅所欲言，避免双方陷入一种沉默无言的尴尬场面。

想要读懂他人话语中的弦外之音，除了掌握以上提到的几个技巧，还需要我们在沟通时，做到察言观色，听对方说话是一个需要注意的地方，但还要注意对方所表现出来的面部表情，肢体语言等各方面体现出来的信息，这样才能找到准确的言辞，巧妙地进行回答，为自己争取有利地位。

4. 打个招呼，也能看出不同的性格与情绪

打招呼最初只限于熟人之间，后来随着社会交流范围越来越广，和陌生人打招呼也屡见不鲜了。在社交礼仪中，打招呼是一门非常重要的学问，是联系感情的手段，是心灵沟通的方式，更是增进友谊的枢纽。打招呼的方式有许多，不同的打招呼方式也可以反映出每个人不同的性格特点。

龙芸在聚会的时候，认识了一位异性朋友。他戴着眼镜，一副文质彬彬的样子，龙芸一下子便被吸引了。她正打算走过去跟他打招呼，不料，他早已注意到她，微笑着向龙芸走来，伸出右手，招呼道："你好！"

龙芸急忙伸出右手，回敬道："你好。"他们谈得很不错，快要离开的时候，还互相留了联系方式。之后，有一天，这位异性朋友竟主

动邀请龙芸去玩。龙芸一听，便欣喜地答应了。

等到见面的时候，那位异性朋友依然像在聚会时一样，微笑着向她打招呼："你好！"龙芸认为这位朋友非常有绅士风度，立即也以"你好"回敬。

那次他们玩得很开心，龙芸在心里早已把他当成了自己的朋友。可是后来的约会中，龙芸却有些失望。尽管他们已经很熟悉，可是那位朋友依然以"你好"打招呼。后来龙芸才知道，这种打招呼方式是他的习惯，在见到其他朋友时，他依然也是微笑着以"你好"打招呼。

故事中的龙芸刚开始只知道喜欢以"你好"打招呼的人大多懂礼貌、有素养，深入了解后发现对方其实还具有头脑冷静，对工作勤恳，一丝不苟，而且还深得朋友信任的性格特点。

另外，打招呼的方式不仅能够透露出一个人的性格，还能反映出一个人情绪上的细微变化。

李琛和张晓磊在上大学的时候就是好朋友，毕业的时候，他们两个人都报考了公务员，张晓磊考上了公务员，而李琛没有考上，他非常羡慕张晓磊，后来一家公司招聘应届毕业生，李琛便去面试，最后被录取了。

时间一晃，四年过去了，李琛再次和张晓磊相见，李琛一见面就说："四年不见，混得如何了？"

张晓磊有些嗫嚅地说道：“没什么，呵呵，就混日子呗。”

李琛没有注意到张晓磊内心的胆怯，以为他是在故意谦虚，于是说道：“看看你，真是谦虚，当官了不一样了。对了，怎么不开车，还想跟你赛赛车技呢。”

张晓磊脸有点红，什么也没说。

李琛看见张晓磊的表情不那么直爽，有些不满，说道：“你看看你，几年不见，竟然跟最好的哥们见外了？”

看张晓磊拘谨的样子，李琛有些想笑，说道：“你都当官了，现在是干部，我不跟你客气，走，吃饭去，我今天可得好好宰你一顿。”

李琛连拖带拉地拽着张晓磊走到一家高档餐厅，点了一桌子的酒菜。

在吃饭的过程中，李琛发现张晓磊好像变得沉默了许多，于是问道：“哥们，现在这是咋的了，是遇到困难了吗？”

李琛问来问去，实在没辙，张晓磊说了实话，他没钱买单。

李琛问道：“不是吧？不至于吧？你工资不多吗？这么多年了怎么比我还穷？”

张晓磊说道：“没你想的这么好，我也就是最基层的，自从公务员实行阳光工资以后，工资下降了很多，哎。”

李琛这个时候才明白自己的老同学原来从打招呼的时候就很自卑而不是谦虚，于是安慰他说道：“你还不如来我公司上班呢，我现在在公司做经理，我可以给你安排个肥差。”

张晓磊无奈地苦笑着，端起一杯酒就郁闷地喝下了。

由于李琛一时误将张晓磊打招呼过程中表现出来的自卑感理解为谦虚，所以接下来的几句对话对张晓磊来说多少都有些嘲笑的意味。好在，当李琛真正领会到张晓磊打招呼时的情绪变化后，及时地表现出作为朋友应该给予的安慰和帮助，否则可能会断送一段难得的友谊。

打招呼的过程和时间虽然很短，但是里面所包含的信息却很多。在聚会或者其他公众场合，说话时频频向陌生人打招呼的人，表示他有很强的自我显示欲望。如果和熟人见面打招呼，说的话却始终是一些与陌生人才说的客套话，说明他对对方怀有敌意，或者自我防卫的性格非常重。

打招呼这样一个看起来再平常不过的举动，却是社交礼仪中最不容忽视的问候礼仪。一个阅历丰富的人很容易从打招呼中窥探出对方的心理，你此刻的心情如何、心理状态如何，都能从打招呼中得知。只有正确解读打招呼过程中显示出的不同性格与情绪，才能在人际交往中更加快捷有效地建立关系、灵活应对。

5. 从说话方式洞悉一个人的性格特征

人与人之间的性格千差万别，在我们第一次与人见面的时候，想要迅速地洞悉他人的性格特征，可以从一个人的说话方式入手。

在进行交际的过程中，有的人说话非常委婉，给人一种彬彬有礼、礼貌周到的感觉。这样的人考虑问题比较周到，不会为难他人。但是，如果过分谦虚客气，那么很有可能是一种拒绝和冷淡的表现，通过说一些客套话来暗示对方。

也有人在说话的时候，总是喜欢引经据典。这样的人大多是博学多才、充满自信类型的，能够吸引他人的关注，但是由于有着太强的表现欲、过于崇尚权威主义，所以难免会孤芳自赏。

还有的人在说话时，习惯套用长辈的话，用到一些“奶奶说”“我妈说”之类的词汇，这类人虽然虚心好学，也很容易接纳他人的意见，但同时也反映出他们的内心较为幼稚，有着很强的依赖性，缺乏独立的主见。

还有一些人，说话时总会带出一些外语单词、句子，这样的人往往希望得到来自别人的肯定，但有时候也不能保证这种做法是“虚张声势”，为了能进一步掩饰内心的不自信和紧张。

那些经常把“我怎么样”挂在嘴边的人，通常来说，性格较为强势，总是希望能够控制局面，从而成为焦点。而对于那些习惯说“大家”“我们”的人来说，他们为人处世会比较周全，凡事以大局利益为重。

除此之外，还可以通过一个人具有的幽默去观察和了解他的性格特征。因为，当一个人表现出他的幽默感时，那么他们具有的性格特点也会明显地显现出来。

如果一个人善于用自己的幽默来打破目前的僵局，那么这样的人往往有着很强的随机应变能力，反应较快。通常会成为众人关注的对象。

有一次，北宋著名的文学家石曼卿外出游极宁寺，他的随从因一时疏忽让马受惊，将他从马上摔了下来。看到这种情景，人们都认为他一定会责骂马夫的粗心大意，就连马夫也知道自己犯了错。可是，只见他拍了拍身上的尘土，没有一点生气的表情，还笑着对马夫说，幸好自己是石学士，要是瓦学士，就被他摔碎了。

可见，石曼卿巧妙地利用自己的幽默避免了一场即将发生的僵局，进一步展现出了自己豁达大度、为人和善的性格特征。

那些善于使用自嘲式幽默的人，是具有一定的勇气的。他们有着宽阔的心胸，对于别人提出的建议也能够坦然接受，而且经常会进行自我反省，自我批评，寻找自身存在的错误，并加以改正。这种行为很容易使人对他们产生一股敬佩之情。在这一点上，空战英雄乌戴特将军的表现就很值得学习借鉴。

有一次，柏林空军军官俱乐部为了招待有名的空战英雄乌戴特将军，特意举行了一场盛宴，宴会上一名年轻的士兵被派去替将军斟酒。但是，士兵过于紧张了，一不小心竟然把酒淋到将军那光秃秃的头上去了。顿时，周围的人都怔住了，士兵知道自己闯了祸，僵直地保持立正的姿势，随时准备接受来自将军的责罚。然而，将军并没有恼羞成怒，而是用餐巾抹了抹头，不仅宽恕了士兵，还幽默地对士兵说，这种疗法对他也没效。于是，紧张气氛就这样被一扫而光了。

乌戴特将军通过幽默的说话方式不仅把一场尴尬巧妙地化解了，还表现出他具有心胸宽广的性格特征。

有些人总是用幽默的方式来挖苦别人，他们多数是心胸比较狭窄，有着强烈的嫉妒心理，甚至有时会做出一些落井下石的事情。这种人自卑心理过强，生活态度也是较消极，常常对自我进行否定。他们擅长于挑剔和嘲讽他人，盘算他人，自己却很少真正地开心过。

除此之外，从一个人的说话方式，还可以看出对方是否有暴力情绪。有的人不允许别人质疑他所说的话，这一点在一些大男子主义的家庭中特别常见，这样的男人想要你对他的绝对服从，稍有不慎就会有家暴的产生。还有一种人，他们不论说话还是做事，从来不留一点余地。这种人说话和做事方式非常极端，他们的话语中常常带着“一定”“要”“必须”等词语，这种人要么就是上进心非常强和不服输的人，要么就是一个具有暴力倾向的人。如果你身边有这种朋友，相处的时候一定要谨慎。

俗话说：“什么样的人，说什么样的话；说什么话，就是什么样的人。”通过一个人的说话方式就能够洞悉一个人的性格特征。所以，在人际交往中，要多多留心观察对方的说话方式，这样才能帮助我们更好地了解一个人的性格，从而把人际关系引入良好的互动中。

6. 听话听声，声调里包含很多内容

常言道：“听话听声，锣鼓听音。”意思就是说，通过一个人说话的声音以及说话时候的状态，来看透这个人内心的情绪。

通常来讲，一个人内心顺畅时，说话声音清亮；内心很平静时，声音听着也平和；内心有兴奋之意时，声音和语调都会变得有些激动。所以，我们完全可以通过辨别一个人的声音，来了解他内心的情绪，达到掌握对方内心真实想法的目的。

在日常生活中，当你问对方：“你最近怎么样？”得到的回答是：“挺好的。”你肯定会凭借他在说话时声音所发出来的音调、节奏、速度等进行判断他到底是真的好还是不好。一般而言，音调低、节奏缓慢，说明最近过得不是很好；若是音调高、速度较快，则说明他最近真的挺好。有时候怎样说话比说什么样的话更重要，因为我们的态度是经由讲话的声音表现出来的。有时候人们虽然迫切需要进行一个自

我表达，但是却不想直接说出来。但是，从发出的声调中能够听出这样的讯息。这时，你就能明白对方真正的情绪和态度了。

李书明是一名销售员。这次，他跟一位老客户洽谈，这位老客户很随和。基于以往的经验，他完全有把握拿下这位客户。

李书明像往常一样，早早地来到了约定的地点为客户点好他喜欢喝的咖啡，可是等了很久，却不见这位客户的身影。

等了一段时间之后，李书明便打电话给那位客户。接通电话后，客户先清了清喉咙，说道："你再等一下，我一会儿就到。"

李书明放下电话，继续等待。可是不知道过了多久，那位客户依然没有出现。李书明正要打电话时，那位客户终于出现了。他正要起身致意时，那位客户就先伸出手来，清了清喉咙后，放低声调说道："真对不起，今天遇到一点儿事，所以来迟了。真抱歉！"

李书明想跟对方说什么，但还没来得及开口，那位客户的手机却响了起来。客户避开他，把声调调得更低了，然后接起了电话。回来时，清了清喉咙，故意又调高声调，满脸歉意地说道："真抱歉，刚才我妻子打电话说家里有急事，需要我回去。我必须得回去，真对不起，让你久等了，我又要离开了。"

李书明只好表示理解。望着客户远去的背影，李书明依然摸不着头脑。他不知道这位客户在演什么戏，以前很快就签单子，而这次却不知怎么了。

在李书明百思不得其解的时候，与他同行的一位朋友打来电话说，他同事今天签了一张大单子，并说出了这位客户的名字。李书明不由得大吃一惊，那位客户竟然就是自己今天见的这位客户。他一下子瘫坐在椅子上，这时才想起那位客户这次说话时总是不断地清喉咙，他以为客户的喉咙里卡了什么东西，却没想到他是在掩饰自己内心的焦虑。

后来，李书明才知道他被竞争对手陷害了，这位竞争对手在拜见这位客户时，故意诋毁他们公司的产品，所以这位客户便放弃跟他们展开合作，而选择与他们的竞争对手合作。

故事中的客户在说话时，不断地清喉咙其实就是在变换说话的声调，以掩饰自己内心的焦虑和不安。假如李书明及时认识到客户不断地清喉咙是为了掩饰自己内心的不安，从而及早解除误会，也许他就不会错失这位老客户了！

声调的作用的确很大，我们以广播为例，主持人的声调可以通过电波的形式，传到耳中，这时就可以得知主持人对所说内容的态度：是赞成还是怀疑，是喜欢还是厌恶，是热情还是冷淡。所以，对于电台的主播们而言，即使不用展现自己的形象，他们还是通过自己的声调征服了很多听众。由此可知，声调的重要性远远要比言辞重要，而在进行的相关交流中，我们通常把注意力放在言辞而非声调上，这是一种片面的见解。

如果一个人放大了说话音量，那么他通常是带有一定的目的的，想要控制局面。大声说话通常是一种独断、强制且具威胁性的行为，所以有的人想要控制或是支配他人时，讲话就会变得很大声。很多人认为大声说话是一种充满自信的表现，但是有些人大吼大叫，却是因为害怕如果轻声细语，没有人会听得见。相反，有些人说话声音很小，可能会被认为是缺乏信心或优柔寡断的现象，但是一定要多加小心别上当。有时候，轻柔的声音可能反映出平静的自信，说话者只是认为没有必要支配谈话过程。要是对方说话总是轻声细语，请注意他的抑扬顿挫之处是否适当。如果当在场的人听不清楚的时候，他是否会努力使自己的音量放大。如果不是，也许他不够细心，或者骄傲自大。如果他一直轻声细语，说话期间伴随着一些不舒服的动作，如缺乏眼神接触、转过身去或扭过脸等，这就是自信心缺乏的一种表现。

声音被西方学者称为“沟通中最强有力的乐器”。你是否知道你的声音能给别人带来怎样的韵律呢？心理学家研究发现，人与人之间30%左右的交流是通过说话时声音的语调、响度、音调等表达出的情绪内容来实现的。因此，我们在与人交谈时，一定要时刻关注对方的语气和声调，从而判断对方的内心情绪，以做好万全的应对之策。

第七章　行为动作藏玄机，谁才是值得交心的人

1. 头部动作秘密多，关键是懂得“察言观色”

头部动作往往比较简单，极少会发生变化，但是它蕴含的心理变化其实非常丰富。原因是，这些头部动作能够很好地反映出一个人的心情变化和看待事情的态度。因为头部动作是跟随语言而产生的，所以它给人的情感体验也会是最强烈的。头部动作能够将愤怒、惊讶、悲哀、恐惧、好奇、憎恶等多种感情同时统一表现出来。因而，当两个人进行对话时，可以通过观察对方的头部动作来判断他的内心活动。

李霞在一家旅行社工作。一天，她早早地就去拜访某家公司的总经理。两人就座后，李霞开始滔滔不绝地讲起来，她把公司所能提供的服务、优惠、价格和安全问题等通通说了一遍。顾客不停点头，并且不时地把头歪向一边，用手支撑着下巴思考。

发现客户的这些动作之后，李霞立刻结束了谈话，并拿出合同。很快，顾客就签了字。

那么，她是如何让这位顾客乖乖签单的呢？原来，李霞一直谨记自己刚进入销售行业的时候，培训老师曾经说过的话："如果顾客和你交谈的时候一直在点头，就表示他十分认可你的说法，那么这时只要你拿出合同来，就一定能顺利地让顾客签单。"

通过观察对方的头部动作，就可以获取许多有价值的信息。美国的心理学家哈维曾说："如果针对面部的局部器官进行判断的话，就很容易出现失误，而假如通过针对整个头部的动作进行观察的话，便很容易能够得到真实可信的信息了。"当两个人进行沟通的时候，尤其是在销售的活动中，销售人员对于顾客的头部动作要十分留意，即使特别微小的动作，也一定要细心观察。因为，可能就是这个动作，最终决定了交易能否成功。

黄先生在一家广告公司做销售工作。一次，他如约来到顾客的办公室里。入座以后，这位顾客打算听黄先生简单介绍一下公司和广告位。因此，黄先生拿出事先准备好的文件，正准备向顾客讲解。正在这时，黄先生观察到，对方出现一个难以让人察觉到的侧头动作，他知道这其实是不耐烦的表现。于是黄先生立刻调整方案，准备进行简单明了的阐述。可是，其中许多没法省略的细节花费了不少时间。就在此时，黄先生再一次看到对方出现了低头动作，而且顾客脸上的表情也变得焦虑起来。明显可以看出，顾客有急事，可是不方便说出来。所以黄先生借故去了趟洗手间，并和那位顾客的秘书进行了沟通。

原来，顾客在北京一直忙公务，于是耽搁了好多时间。黄先生约他见面这一天，恰好他的女儿也来到了北京。所以，顾客根本没把心思放在广告位的谈判上。得知这些后，黄先生立刻回到顾客的办公室，不等顾客开口，他就向对方表达了自己的歉意，然后表示自己占用了对方太多时间，对对方女儿要来的事一点不清楚，所以还是另约时间再进行会谈。

本来这次会谈是双方已经约好的，这样一来，顾客反而有点不好意思了，不仅消除了对黄先生的负面情绪，而且对他有了好感。就当时的情况而言，黄先生公司给出的报价，几乎没有什么竞争优势，而且据了解，对方早已决定和另一家广告公司进行合作。可是由于黄先生成功地给顾客留下了深刻的印象，使对方对自己有了好感，因此在双方第二次见面时，顾客就和黄先生十分痛快地签订了合同。

头部动作无外乎低头、摇头、点头、把头偏向一侧等，那么，类似常见的动作其中蕴含了顾客的什么心理状态呢？

点头代表的是认可。大部分时候，点头即是认可的意思，也就是对人或事的肯定态度。假如两人在沟通的过程中，对方一直在点头，这就表明他对你说的话是赞同的，期待着你能说得多一点。这时，对方冲你点头就是在向你传递一种乐观积极的信息。但是，你也要注意对方冲你点头的频率，如果频率太快，也许就有否定、否决的意思了，也就说明对方对你可能有点反感，希望用频频点头的方式来快点结束和你的谈话。此时，你就要识相，马上停止交谈，避免惹恼对方。

摇头代表否定。当两个人在交谈时，发现对方不停地摇头，就代表对方对你的观点持有否定的态度。大多数时候，出于礼貌，对方不会马上拒绝你，即使他们嘴上说“我对你们的产品十分感兴趣……我们一定可以”，说话时却夹杂着摇头的动作，那其实就代表他实际上已经否定了你。所以，在交谈的时候，千万不要认为对方说的全都是实话，也可能那是他们为了给你留着面子才说的。

低头是在传递不认可。大多数时候，人们不便于拒绝对方，但又不打算和对方有合作，所以才会产生类似的情绪。实际上，许多人低头可能就代表着他们带有一种不愉快或不满的情绪。当两个人交谈时，如果看见对方低着头不出声，那就必须尽快找出自己的问题，完美地化解掉。唯有和对方达到正常而顺畅的交流，才能有机会实现目的。

头部倾斜表示顺从。很多时候，对方和你谈话时会把头往一侧倾斜。这样的姿势多数时候代表的是顺从，唯独当对方在仔细听你做介绍时，你说的话才能被对方认可，才能影响到对方的行为活动。如果你看见对方侧歪着头，身体向前倾，而且做出了手触摸脸颊的思考动作，此时就代表对方信任你的话了。这时候，你要抓住机会，赶快和对方谈签合同的事宜。因为此刻对方最看重的是能从你这里得到多少利润，而不是自己要付出多少代价。这时候签合同，对方一般不会讨价还价。因此，当你聆听别人讲话时，可以做一些类似头部倾斜或者频频点头的动作，这些动作会让对方觉得，你对他的话有认同感，你信任他，而且让他有安全感。

当然，还有其他的一些微妙的头部动作也需要我们仔细留意，虽然这些动作细小而且不起眼，却是了解对方心理状态的有效的关键信息。

2. 抓挠耳朵的动作，泄露了内心的秘密

人在焦虑不安的时候，往往会不自觉地表现出坐立不安的动作来，例如挠头或者不停地抓耳朵。这是心理学中的说法。

张震非常善于观察，从其他人的动作里，他总是能看出其中表达的意思来。一次，张震不经意间发现，坐在他身后的莉莉正盯着自己的电脑看，手在不断地抓挠自己的耳朵。所以，张震走过去，问她是不是需要帮助。此时，莉莉感到十分诧异，然后把自己的需求告诉了张震。原来，莉莉是新来的员工，在图像处理上还不能够做到游刃有余，她刚刚遇到一个难度相当高的技术问题，想了很久却也没能想出合适的解决方法来。而莉莉遇到的这个问题，在张震看来简直就是小菜一碟，所以很快就帮她把问题解决了。

张震不过是瞅了莉莉一眼，他怎么会猜到莉莉遇到难题了呢？不

错，正是莉莉一直抓耳朵的小动作暴露了她的心理状态。

人们在焦虑、紧张、自卑或思考问题等各种时候，都会不知不觉地抓挠耳朵，当然说谎的时候也会，自然得就好像在挠头皮。然而，正是这些看起来很自然的小动作，却把甚至连自己都没发现的秘密给泄露了。常言说，说者无心，听者有意；做者无心，看者有意。情商高的人，往往擅长通过观察某人的细微动作，对其内心的真实感受进行解析。

李阳在某公司做空调推销工作，最近他遇到了一个难题：在向某公司推销空调时，公司负责人把决定权交给了一名技术顾问——李老师。经过考察，李老师私下表示，两种品牌的空调各有优缺点，但在语气上，似乎更加欣赏竞争对手的空调。李阳知道问题出现了，因此，他计划做最后的努力，滔滔不绝地解释着他所代理的产品到底有多么优秀，在设计上到底有多么特殊，他希望凭借这次努力能让李老师改变想法。可谁知道，当他们进行谈话的时候，他突然发现李老师在用手抓耳朵。他马上明白，李老师有些不耐烦了。于是，他立刻改变谈话的策略，说道："李老师，今天实在对不起，打扰您这么久。我真的是失礼，只顾着说自己的事，都忘记问您是否还有其他事了。您看，我改天再来拜访您，如何？"听他这么一说，李老师马上停止了抓挠耳朵的小动作，而且欣慰地说："下周一的下午我有空，到时候麻烦你再来一趟，我们面谈吧。"

第二次，李阳重整旗鼓，再次约见了李老师。见面之后，他换了一种说话方式，对李老师说道：“李老师，我这次来，绝对不是来向您推销空调的。以前，我拜读了您的作品，上次又跟您主动聊过，回家后我仔细思索了一番，觉得您说的话相当有说服力。您指出，我们公司代理的空调在某些地方确实比不上别的公司，尤其在设计方面。李老师，您一直在××公司担任顾问，我们愿意遵照您的意思，这笔生意不做了！但是李老师，我也希望自己能从这笔生意中获取一点经验……”说此话时，李阳一脸诚恳。

李老师听到他的话后，心里非常舒畅但又很同情李阳，于是带着慈祥的口吻说道：“年轻人，振作点，其实你们的空调也不错，其中有些设计很人性化。唉，恐怕是你们公司内部都还没有搞清楚吧，譬如说……”李老师谆谆教导，李阳洗耳恭听。让人意外的是，这次谈话之后的不久，他们竟然达成合作了。

一般而言，抓挠的动作都表示内心的焦虑不安，挠耳朵亦有这个含义，经常会在某种紧急情况下出现，如当考生在考试时间即将结束的时候，就经常会做出这个动作，显示了他内心的紧张和不安。因此，面对这种情况，我们应该懂得从中窥探出对方的心理，及时给予帮助，或者是灵活转变当下的交谈对策，这样才能做好接下来的交流工作。

那么，挠耳朵到底能看出对方什么样的情绪呢？其实，很多时候，有些人在思考问题时总是下意识地摸摸自己的耳朵。摸耳朵这个动作代表的意思是“我正在想”，不过这是一种因为不同意你的观点而引发的思考。另外，我们在生活中经常看到，很多人在去人多的地方时，通常会有挠耳朵的动作，这个动作就表明了他的内心非常不安，处于紧张情绪当中。而当一个人用大拇指和食指不断地揉自己的耳朵时，那就表明了他对于这个话题不感兴趣，是心理上的一种抗拒行为。通常情况下，在这样揉耳朵的同时，还会把脸转向另外一侧。当倾听者有了这个动作的时候，说话者就应该读懂对方的肢体语言，及时改变话题，以免让接下来的交谈陷入尴尬的状态。

3. 小心这些小动作暴露你的紧张情绪

不知道大家有没有留意到，人们一旦处在紧张状态里，总会在不经意间做一些小动作，而且这些小动作大多数时候是非常真实的，能够泄露出许多人内心的真实想法，因此，通过解读这些小动作，可以帮助你读懂一些人的紧张情绪。

例如，当你和你的朋友交谈的时候，他经常做拨弄头发的动作，这个动作的起因是他的大脑向外发出了一个信息："我有些心慌！麻烦你安抚我一下吧。"的确如此，就好像小狗小猫在受到惊吓时会不停地舔舐它们的毛发那样，我们人类假如频繁地拨弄自己的头发，其实也是想要表示内心存在不安。假如我们留意一下儿童的肢体语言，你会发现，当他们犯了错误，被自己的爸妈或者老师发现以后，通常会做出与下面类似的动作——站得笔直，用手不断地拨弄自己的头发，一般还会带有略显无辜的眼神。那种表情好像在说："我做错事了，待会儿会不会被大人打呢？”所以，假如某个人太过频繁地拨弄自己的头发，所代表的意思并不是他头皮很痒，也可能是他感到极度不安，或者缺乏自信，他需要类似的动作来进行掩饰。

丽丽今年上五年级了，这次的期末考试又没有考好，当回到家里时，妈妈问道：“这次考试怎么样啊？”

丽丽听到妈妈问考试，内心很紧张，不断地拨弄着辫子，假装什么也没有听见，并跑到客厅去看电视。

妈妈看到丽丽没有回话，并且不停地拨弄头发，就知道她内心慌张，同时也猜到这次考试肯定又没考好，于是紧跟到客厅，继续问道：“到底多少分？考试卷子呢？拿出来我看看。”

丽丽听到这里，更加无所适从了，低下头，拨弄着头发，说道：“考试卷子还没有发下来，我也不知道考了多少。”

妈妈从丽丽拨弄头发的动作再加上没有底气的语气，知道她肯定在撒谎，于是说道：“是吗？那我打电话问问张老师，看看卷子是否发下来了，顺便问问你在学校的表现怎么样！”说完，作势拿出电话准备拨给老师。

丽丽看到妈妈真要给老师打电话，赶快带着哭腔说道：“妈妈别打电话给老师。卷子发下来了……”接着她低下了头，两只手摆弄着两条小辫子，继续说道：“我这次没有考好，不敢告诉你。”

妈妈把电话放了下来，抚摸着丽丽的脑袋，柔声说道：“考试成绩好坏先不管，但你不能撒谎啊，你知道妈妈最讨厌撒谎的孩子了。”

“妈妈，我错了。”丽丽说着都快把头埋进辫子里了。

“没关系，知道错了以后能改正过来，那就是好孩子。”妈妈安慰道。

从上面的例子可以看出，丽丽虽然说着卷子没发下来，但她手上的动作却表明了内心的不安与焦虑。

除此之外，还有人在紧张不安的时候喜欢摸下巴、触摸嘴唇，有这种习惯的人一般感情细腻或者胆小谨慎，做出这些小动作通常是为了镇定自己的情绪，对方希望借助身体的触感和温度来平复自己的内心。也有一些人在紧张时会不由自主地将胳膊交叉抱在胸前，像是在拥抱自己，这一动作其实也是在缓解紧张的情绪，并给自己更多的鼓励。还有一些吸烟人士，烟没抽完时，他们就会使劲把烟掐灭，或者将它放进烟灰缸任其自然熄灭，而这个动作其实是紧张焦虑和有压力的表现。

有些时候，在谈话中说到某个话题或者某个问题时，对方会将头部朝前伸，这表示一种迫近的威胁，就像前伸的下巴一样，都是一种攻击性的动作，暗示对方正准备对眼下的话题或者问题采取一种进攻性或者有敌意的方法。还有的人在谈话时会将手放在嘴上，这表明对方是一个秘密主义者，常常嘴上逞强，内心却很温和。

由此可见，在工作生活当中，有许多小动作看上去很普通很自然，其实是紧张和焦躁的表现。比方说，我们经常见到的频繁地眨眼、紧握易拉罐以至于变形、撕纸等，而且你还可以察觉到，当某人越来越紧张，或者越来越不安的时候，出现类似动作的概率会变得更大、频率更多。而借助这些小动作，人们希望能够有助于缓解压力和稳定情绪。

因此，经过观察某人在特定情绪下做出的这些不由自主的小动作，更有助于我们对这个人的情绪状况有所了解。当然，在交际中，为了不至于使对方看出自己的焦虑情绪，要尽量避免这些小动作的出现。当你非常紧张的时候，不如放平心态笑一笑。有研究表明，人们微笑的时候，大脑所接收的信息往往是积极乐观的，而且能够让身体处于很长时间的放松与满足的状态里。你有没有察觉到人们在控制紧张情绪的时候，微笑所起到的重要作用，这种刻意的努力表明，大脑在对外部讯息的真实性坚信不疑的情况下，作出了积极有效的反应。

4. 透过站姿，摸清对方属于哪类人士

一个人站立的姿态，很容易出卖这个人的性格以及内心活动。当你第一次遇到对方时，可以通过站姿对对方进行分析，从而判断出对方属于哪类人。

冉波家住渝北区花卉园，在一家咨询公司里做主管。通常，他在演讲的时候，会用“双腿并拢，两手交叉”这样的站姿。因为他发现京东的创始人刘强东每次在做演讲的时候，总是喜欢用这个站姿，这样才激发了冉波的灵感。这种姿势让冉波感到自己的内心十分强大，而且相当有领导的气势。

此外，冉波还说，人必须要对自己有信心，才可以摆出这样的站姿，而他认识的大部分成功的商人，在拍摄企业宣传照时，都喜欢用到这个姿势。

从刘强东和冉波的例子中可以看出，双腿并拢，两手交叉在前面的站姿，通常是领导型人才的标准站姿。通过这一站姿可以看出这个人做事谨慎，并且有相当强的自我保护的意识，是属于外表平静而内心异常坚强的那种类型。

生活中，尤其是做销售的人，要想了解客户的性格，除了通过语言来读取信息外，还可以通过客户的站姿判断出客户属于哪一类型的人士，从而进行相对应的销售方式。

一个人在站立时不断改变姿态，这在一定程度上表明他是一个性格急躁的人。这类人在处理事务时，常常处于紧张状态，他们的想法会时刻发生改变。从某种意义上说，这类人是不折不扣的行动主义者。他们做事干净利落，不喜欢拖延，他们讨厌喋喋不休的人员浪费他们宝贵的时间。面对这类人，与之交流应当迅速给予反馈，尽可能压缩他们等待的时间，并需要集中为其提供他们一直在寻找的信息。

王浩宇是上海一家家电公司的营销经理，在公司举行的一次大型促销活动中，他遇见了这样一位性格急躁的客户。

这位客户刚走进店里，就对站在旁边的王浩宇说："我家里的抽油烟机坏了，你给我介绍一款新的抽油烟机吧。"

王浩宇问："您想要一台什么样的抽油烟机呢?"

客户："我也不确定，你给我介绍吧。"

当王浩宇向客户介绍抽油烟机的性能时，他发现客户心不在焉，而且总是变换站姿。他一会儿向前迈左脚，一会儿又向前迈右脚，还总是抖腿，站姿变换极其频繁。

通过对客户的细致观察，王浩宇判断他的性格比较急躁，是那种不爱听销售人员喋喋不休的客户，不过应该是一个爽快的人。于是，王浩宇把客户带到一台新款抽油烟机前，简单明了地向他介绍了这款抽油烟机的功能和新颖之处，客户觉得这款抽油烟机不错，当即就决定购买了。

从上面的案例中我们可以看出，与性格急躁的客户进行交谈时，最好的方式就是开门见山，直接进入正题。由于这类客户最喜欢的就是做事爽快的人，如果销售人员拐弯抹角就会引起他们的反感。

除了站立时喜欢不断变化站姿外，有的人喜欢在沟通的过程中倚靠着其他东西站立，这就表明他处于比较放松的状态，且对你持一种比较友好的态度。这类人与别人交流时常常会表现得较为友好，说话方式很直接，态度相对真诚，容易接受别人的观点。与这类人沟通时，最好能把想说的话的核心思想简单明了地说明，这样最能赢得他的好感。

还有的人喜欢在交谈过程中呈现出双腿交叉的站姿，这就表明他是比较拘束的，性格较为内向。他们对你的观点可能持有拒绝的态度，你如果想要说服这种人，可能还需要费一番心思。

还有另一类人，在交谈过程中做出双脚合并，双手垂置身旁的姿态，这就表明他很可能是一个比较保守且理解能力相对较差的人。这类人较为诚实、可靠，做起事来会表现出惊人的毅力，但是他们同时也有呆板、传统的一面。在与这类人交流的过程中，常常会比较费时费力，因为他们接受新鲜事物的能力很差，有时甚至会非常固执。面对这类人，需要对其进行耐心、积极的沟通和引导，这样才能打动他的心，使他同意你的观点。

总之，无论什么人，都有自己独特的站姿。从站姿上，我们可以分析对方的性格和心理，如果想要掩藏自己的情绪，不被别人看穿，那么我们就要时刻注意自己的站姿。在站立时，抬头挺胸，双目平视，面带微笑，这种得体的站姿不仅会给人一种放松的感觉，受到别人的尊重，还会令自己感到呼吸自然、心情愉快。

5. 频频看表，意味着谈话该结束了

当你在向对方喋喋不休时，若是对方总是显得难以集中精神，频频看表，你就要明白，这是对方有其他紧要的事情，此时，你若还是不懂察言观色，继续滔滔不绝，只会令对方厌烦，最后下“逐客令”。若是你看懂了对方此时的内心，懂得适时终止话题，识趣地起身告辞，或许还会赢得对方的好感，在对方心中留下一个好印象。

作为一名保险推销员，李丽娜与很多大客户都能聊得来，究其原因，并非因为她多么博学或者幽默，而是因为她很擅长察言观色，能够很好地把握客户心理。一天下午，李丽娜原本约好了与一位大客户见面。这位客户是公司老总，手下有一千多名员工。他不但想为家人买保险，也想为员工们买保险。李丽娜能够得到与这位老总见面的机会是很不容易的，因而她很珍惜这次机会，并且提前做足了准备。

比预定时间早5分钟，李丽娜就等在老总的办公室门外了。老总打开门看到李丽娜，显然吃了一惊，随后他马上请李丽娜进入他的办公室。大致翻阅了李丽娜做出来的详细规划，老总看到了李丽娜的专业与严谨，因此不好意思直接拒绝李丽娜的介绍。然而，他因为忘记了这个约会，又安排了其他事情，所以很赶时间。在李丽娜介绍计划书的10分钟里，老总不停地看时间，要么看墙上的挂钟，要么看手表，要么装作漫不经心的样子瞄一眼手机。李丽娜意识到：虽然这个机会得来不易，但是如果我如此不识趣，只会失去下一次见面的机会；相反，如果我能主动告辞，也许反而会给他留下深刻的印象。然后李丽娜笑了笑，说："您是不是有事情要处理？没关系，我可以改天等您方便的时候再来。"老总羞愧地笑了，说："实在不好意思，我忘记了我们的约会，所以安排了一个重要的会议。感谢你的理解，我一定会尽快让秘书安排时间，让我们再次见面。"李丽娜彬彬有礼地告辞了。果然不出她所料，因为她的识趣，老总让秘书安排了相当于上次约会预定时间双倍的时间，专门与李丽娜进行详谈。由于这次的时间是非常充裕的，所以李丽娜不但向老总详细地介绍了自己的保险规划书和其中涉及的险种，还向老总展示了保险合同书。这次见面之后没多久，她就与老总签订了保险合同，老总还夸赞她说："你与我曾经见过的很多保险经纪人不同，他们只会死缠烂打，但是你很专业，也很敬业。"

由于主动告辞，李丽娜博得了老总的认可和肯定，最终成功地与老总签了保险合同。其实，李丽娜之所以能够和这位老总成功地签了保险合同，就是因为她善于察言观色，看到老总频繁地看时间，表示了想要结束谈话的暗示，李丽娜便及时识趣地终止了谈话，不仅没有招致对方的反感，还争取到了更有利的机会。

在生活中，如果你平时不是很忙，并且没有什么特别重要的事情，那么，当你和你的朋友进行沟通时，你要尽量少看手表，这个动作会给你的朋友一种错觉，会让他以为他在耽误你做其他事情，那么谈话也就没法继续下去了。与此同时，你的这个小动作也许会引起误会，让对方觉得你对此次谈话一点都不感兴趣，没有再继续下去的心思。假如你真的有什么要紧的事，可以委婉地跟对方解释一下，然后约好另一个时间再谈，并向对方表示歉意。我们在社交中不仅要时刻观察留意他人的小动作，也要避免自己的小动作给自己带来困扰和麻烦。

每个人都难免要与形形色色的人打交道。很多时候，你必须要学会把握时机，恰到好处地终止交谈。在面对重要人物的时候，与之见面的机会往往得来不易，轻易放弃似乎又有些不甘心，这就要求你必须学会察言观色，从各种迹象确定对方的确不想继续谈下去，从而识趣地结束谈话，马上告辞。虽然这看起来是失去了一个机会，但是实际上很有可能因此得到更多、更好的机会。尤其是当对方频繁地看时间时，你一定要马上结束谈话，果断告辞。相信当你坚持这么做的时候，你一定会有意外的收获！

6. 双臂抱胸，流露出拒绝的姿态

我们常常用语言表达内心的想法，却总是言不由衷，可是身体从不撒谎，它比语言信息更诚实可靠。所以，通过肢体语言判断一个人的内心活动要比听他说的话还要有效。比方说，有的人把两只手臂交叉起来放在胸前。显然，这就说明他自觉地在他自己和外界之间垒起了一道隔离墙，把自己不喜欢的人或物全部挡在了外边。看到这样的动作，我们只有一种感受：这个人不可能从自己的世界里那么轻易就走出来，而我们似乎也很难融入他的世界里。如果我们发现自己的朋友摆出了类似的姿势，不要贸然地上前打扰，或者装作自来熟的样子唐突地去交谈，要理解对方的防备心理，不要给对方增加压力，应一步步试探着慢慢地让对方感受到我们的善意，试着让对方接受我们。

曾经有人做过这样一个实验：

他们随机邀请了若干位志愿者，这些志愿者之间互不相识，也没有过任何交集，每个人都是第一次见面，完全陌生。实验者将志愿者分成两个小组，要求他们各自围坐在一起。

第一组志愿者，实验者要求他们的身体尽可能地放松，不要太拘束，尽量放下警惕心，坐在椅子上不要乱动；第二组志愿者，实验者要求他们全部双臂交叉抱于胸前，并且不能放松。

实验开始之后，实验者要求两组志愿者开始相互交流，结果发现，第一组志愿者能够很快地热络起来，没多久便了解了彼此的信息，并热情地聊起来，好像多年未见的朋友一样。而第二组志愿者的情况却让人失落，他们表现得生疏、沉闷，大家有的看向一边，有的低着头，有的看向天花板，总之有点尴尬，更别说热络地聊天了，偶尔个别人挑起话题，也没有得到积极的回应，然后，大家也就都不说话了，直至实验结束，第二组志愿者还是感觉很陌生，甚至连旁边坐着的人的名字都不知道，更不用说其他信息了。

研究结果表明，当人们双臂交叉抱于胸前时，会给人造成一种清高、孤傲，难以接近的感觉，这种感觉会令人望而却步，不敢上前主动攀谈。如果在重要的社交场合摆出这样的姿态，就会打消其他人上前交谈的欲望。

如果没有其他原因，单纯喜欢将双臂交叉抱于胸前的人，可能防卫心理比较重。他们在平时的社交活动中，喜欢独来独往，不会主动去凑热闹，对其他人的信任度也非常低，即使是面对熟悉的人，他们也不愿意敞开心扉，而是将所有的想法藏在心里，不让人发现。

双臂交叉抱于胸前除了表示对方不愿意交谈的信息之外，有时还表示对方持有不同观点。所以，当人们对所听到的内容持否定或消极态度的时候，通常也会做出交叉双臂的动作。

一次，某公司的业务经理召开小组会议，针对下一季度的产品销售进行一次研讨会议，公司还专门请来了著名的销售专家为大家讲演。会议上，专家传授了很多相关的销售经验，并为下一季度的产品销售提出了参考性建议。

在专家发言的过程中，尤其是提出建议的时候，业务经理发现一个很有意思的现象：一部分原本坐得端端正正的小组成员，在专家发表意见的时候，双臂开始不由自主地离开桌面，然后交叉抱于胸前，眉头紧蹙，做出思考的状态。

会议结束之后，业务经理做总结报告时，询问在座的小组成员有什么感受，并表示希望大家积极发言，谈谈对专家提出的销售建议的看法。话音刚落，经理就发现，那些持有反对意见的人，正是在开会过程中，将双臂交叉抱于胸前的人。而那些表示认同的小组成员，要么把双臂放在桌面，要么把手放置在双腿之上。

由此可见，当人们对他人的观点持有不同的意见，但是碍于场合无法直接说出来的时候，他的身体会不由自主地做出否定的姿态，比如双臂交叉抱于胸前。这是一个典型的否定动作，说明他们对他人的意见完全听不进去，或者拒绝倾听。

如果我们在和别人的交谈过程中，提出某些意见时，对方做出双臂交叉抱于胸前这样的举动，我们就要适时地停下来询问对方是否有不同的看法，而不是自顾自地继续发表讲演，无视对方的抗议，这样对双方的谈话没有任何好处。当我们搞清楚对方内心的疑惑之后，才能更好地继续接下来的交流，保证沟通的有效性。

除此之外，当双臂交叉抱于胸前时紧握拳头，说明对方内心十分焦虑，或许是因做了一些错事而心有不安，也可能心怀敌意；还有双臂交叉抱于胸前时双手置于腋下露出拇指，如果不是天气寒冷的缘故，那就说明对方非常自信，有一种优越感，做事严谨，把握十足。

双臂交叉抱于胸前这种动作在人与人交流的过程中很常见，而且几乎全世界对此的认知都一样：消极、否定或防御。当我们在一些公共场合，如车站、餐厅、电梯等陌生人比较多的地方，很多人都会不由自主地将双臂交叉抱于胸前，这是人们感到不确定或不安全的时候做出的自然反应。

一个小小的动作，背后却有如此的深意，这也提醒我们要小心注意，不要只看脸上的笑容，还要随时关注肢体语言，因为那可能才是最真实的态度。

第三部分

了解他人情绪，成为人生赢家

第八章　合理操纵情绪，提升职场竞争力

1. 抓准谈话兴奋点，悄悄拉拢人心

在职场沟通中，我们难免会遇到和同事话不投机的局面，这时我们不能放弃交流，否则只会让场面更尴尬，并且对方也将不再对你有兴趣。这时要学会赶紧转换新的话题，让交谈继续下去，这样我们才可以逐渐把对方的心再拉拢过来。

所以，在与同事沟通时我们需要找准对方感兴趣的话题，也就是抓住谈话兴奋点，投其所好，这样才能把话说到他的心窝里去，赢得对方的好感。有人说过："如果你转换的话题能让人感兴趣，那么，你就是沟通高手。"

吴玉刚毕业，来到了姐姐余薇工作的公司上班。但吴玉刚来公司，不知道如何与同事沟通，更不知道如何能够融入进去，所以无所适从。她向姐姐余薇请教，余薇告诉她："你要多和同事聊他们感兴

趣的事情。”

“可我刚来，不知道他们对什么感兴趣啊！”吴玉很苦恼。

“你可以根据他们的穿着搭配等来判断，一点点沟通啊！”余薇看到光说没办法让吴玉开窍，决定现场教导一下。

第二天早上，余薇来到吴玉的部门，一进门就挨个热情地打招呼：“昨晚我听我家吴玉说，这几天你们很忙，就猜到你们还没吃早餐，这不，我们给你们买了豆浆。你们先去吃点东西吧，吃饱了才有力气干活啊。”说着，余薇把几杯豆浆分给了屋里的同事，大家纷纷表示感谢。

大家一起喝着豆浆，余薇拉着吴玉也和大家一起聊天。吴玉看着丽丽身上的衣服说：“你这条破洞裤的洞也太大了吧?”

丽丽一愣，表情有点不自然地说：“还好吧。”

余薇接话说：“丽丽眼光可好了，每次都穿潮牌衣服，我看好几个女星都穿过这种裤子拍照呢。”

“丽丽，前两天我在微博上看到一个明星在牛仔裤外加了一条纱裙，感觉好潮呀，我记得前几天你也穿过那种纱裙吧?”

“是呀，”丽丽兴奋地说道，“其实我当时买的时候没看到明星穿，只是觉得好看，这么搭配着挺不错，也就买了……”

没过一会儿，余薇和丽丽就从穿搭聊到生活、八卦等问题。余薇发现时间很晚了，于是和吴玉、丽丽告别。丽丽还对余薇说，不忙的时候就来玩啊，觉得和她很聊得来。

“酒逢知己千杯少，话不投机半句多。”在进行职场类的交际中，假如你没法快速地找到与别人都感兴趣的话题，不能抓住谈话的要点，极有可能会丢掉一次达成项目的机会，有时还会造成对方的反感。在上面的案例中，吴玉不小心说错了话，让丽丽有些尴尬，幸好余薇立刻转移话题，才保证了交流的顺利进行。

在职场中，我们会碰到形形色色的人，有时难免会话不投机，遭遇尴尬。如果你和对方都不愿意多说话，只是呆坐在那里，就无法打破僵局有进一步的沟通。当然，也就更谈不上建立良好的关系了。而最好的解决办法就是，知道对方对什么话题感兴趣，然后对症下药，打开他的话匣子。如果能做到这一点，你就会在职场中如鱼得水，足以占据主导的位置。

沟通的基础和最有效的桥梁是语言，在职场中实现自我价值的有力法宝也是语言。我们只有找到对方感兴趣的话题，然后投其所好，而且必须要让自己的语言能力更强，表达更丰富更具有感染力和打动人，才能获得沟通效果。但有些人并不以为意，在与同事沟通时只顾说自己的话，办自己的事。如果细心观察，你会发现这种交际方式的成功率很低。所以，掌握一些说话技巧很有必要。

和别人交流的时候，在你准备变换交谈的话题前，你需要事先进行细心观察，因为假如你没办法找到让对方也感兴趣的要点，重新开始新的话题可能依然不会让他满意。通常来说，通过细心观察对方的衣着打扮、言谈举止或神情等，我们也能发现他所感兴趣的话题。这里，观察一个人的衣着打扮其实是最行之有效的方法，我们能从中看出他的喜好、身份、地位和内涵、品位。

当我们不能进行正确的观察时，也可以从对方身上的“特点”着手，积极主动地去询问一下对方的兴趣爱好或生活习惯，所有这些都可以通过寒暄的方式得知。你可以抛砖引玉，先跟对方说说自己的爱好，然后等对方放开了，自然而然就会聊起他的爱好来，再往后你就可以寻找双方的共同话题了。如此一来，新的话题就此开始了，并且你和对方对这个话题都十分感兴趣，这样一来，接下来的沟通将会愉悦而顺利。

老杨能说会道、酒量了得，而且是个热心肠，公司无论哪个部门聚餐吃饭都喜欢叫上他，而他每次也都会把气氛搞得火热。

一次，教育部的同事聚会吃饭，两个同事因为教育理念的不同，相互之间呛了起来。老杨趁机当了一把和事佬，顺势岔开了话题。他看到其中一个人年纪较大，老杨思忖了一下，觉得这位老同事从事了这么久的教育工作，其管理能力一定非常好，于是笑着冲他说：“我听别人说，您年轻时是一位相当有能力有责任心的教师，您为社会培养了许多人才，如今终于升到了管理层，实至名归啊。”

“说我有能力实在是不敢当，至于管理嘛，只能算是有一点点经验而已。”

“您别谦虚了。您看，我的管理能力特别差，所以我打算跟您请教请教，怎样才能提高自己的管理能力，然后将公司的业绩继续往上提一提。”一来二往，老杨把对方关注的点进行了转移，局面马上出

现好转。

最后，聚会又重新热络了起来。

在职场中，若要在短期内与对方之间建立起很好的沟通气氛，就需要避免意见不合，更需要找到双方沟通的“默契点”，牢牢抓住谈话的兴奋点。此外，我们还必须注意，当你和对方交谈的时候，切勿把自己放在中心的位置，而是要随时观察对方的情绪变化，要知道对方是不是有继续沟通的意愿。假如察觉到对方对你的话题并不感兴趣，或者只是在敷衍了事，那你就不要继续说下去了，可以马上变换话题了——你拖的时间越长，对方对你的印象就越差，对你的好感自然就越少。

唯独双方都产生共鸣时，谈话才可以进行得更加深入和顺畅。“孤掌难鸣”说的就是这个道理，以自我为中心的人是没法与他人进行很好的沟通的。因此我们说，沟通的主要障碍是话不投机，假如不能够快速地变换话题，对方就会拒绝和你沟通下去。如果你打算成为职场上或者生活中的沟通高手，就绝对不能让对方冲你说“不”，你必须及时观察对方情绪变化，快速找到下一个共同话题，你们之间的交流就能很好地进行下去。

所以，和对方交流的时候一定要迎合对方的兴趣爱好，在短时间内吸引对方的注意力，使他对你的话题产生兴趣，这样他才能慢慢接受你。当然，这就需要你有超高水平的沟通技巧。而且，在日常的工作生活当中，你只有多看、多学、多练，才可以使自己变成职场上的沟通高手。

2. 爱屋及乌，让同事知道你很喜欢他们

不管是在生活还是工作当中，我们总能遇到下面这种情况：一个你欣赏或者说有好感的人寻求帮助或者提出要求时，你总是很爽快地答应，并且尽心尽力地办好；而如果是一个你不喜欢甚至有些讨厌的人向你寻求帮助，你肯定会找各种理由拒绝。所以，在人与人的相处中，要么就是双方互相喜欢，要么就是互相讨厌，剃头挑子一头热、热脸贴冷屁股的偶尔有之，但绝不可能长久。

这是因为人人都有一种喜好原则，当喜欢某个人或者对某个人产生好感后，那么对这个人的行为或者思想都会无条件地认可。而这种喜好原则，也就是所谓的“爱屋及乌”。

喜好原则的典型表现就是明星代言。现在很多商家都会选择名气高、人气旺的明星作为自己产品的代言人，因为这些明星拥有众多粉丝的喜爱。而那些喜爱明星的粉丝就会把这种对明星的喜欢，转移到

明星所代言的产品上，只要明星一句话推荐，粉丝便会产生巨大的能量，为相关产品的销售带来巨大利润。

曾经有心理学家做过一项实验。他们把同样的产品分成两组来进行销售，产品的质量和价格完全一样，唯一的变量是销售人员不同。一组的销售人员是长相出众、身材火辣的美女，另一组是长相一般、身材也一般的普通推销员。两组推销员同时来到街头做产品促销，实验记录表明，大部分的男性更愿意购买美女推销员推销的产品。

心理学家对购买产品的男性客户进行了访问，询问他们购买产品的原因。男性客户说，他们觉得美女推销员推销的产品看起来更有质感，也比普通推销员推销的产品更新、更时尚、更讨人喜欢。也有很多男性客户诚实地表示，他们购买产品的原因是喜欢漂亮的女推销员，所以才选择她们的产品。

由此可见，喜好原则的重要性不仅仅体现在人际交往中，就连销售中也有很强的存在感，而在职场中，它的效果更加明显。

陈珊是某校的一位教师，非常善于和别人打交道，无论是老师还是学生，领导还是同事，年轻的还是年老的，她都能在短时间内赢得对方的好感。所以，陈珊评职称很顺利，奖金也拿得多。

职场如战场。按理说，像陈珊这样优秀的人才，肯定会遭到同事的嫉妒，但事实上并没有，陈珊和每个人相处得都非常好，同事们不仅不嫉妒陈珊的成绩，反而处处帮助她。她偶尔有事请假了，请老师代课，大家都很愿意帮她。他们班的其他副科老师也都比其他班的老师更认真，对学生也负责。每次陈珊在教学上遇到问题，有经验的同事都会传授给她简单又快捷的方法，帮助她成长。

一位老师不由得感慨道："陈珊啊，为什么你的人际关系就可以处理得那么好，每个人都那么喜欢你、愿意主动帮你呢？"

陈珊说："因为我也很喜欢他们啊！"

可见，陈珊非常懂得利用人们的喜好原则，对每个人都表现出好感，这样一来，大家感受到善意，自然也会喜欢她，同时产生爱屋及乌的感情，当她遇到困难时，所有喜欢她的人都会伸出援助之手。

人，天生就有利己思想，懂得趋利避害，所以，很容易便会产生这种心理：你喜欢我，我才会喜欢你，你不喜欢我，我又凭什么喜欢你。

首先，从心理学上来看，一个人喜欢你，就会让你产生愉快、高兴的情绪，所以你想要看到对方，亲近对方，让自己有个好心情。其次，对方对我们的喜欢满足了我们的自尊心，让我们觉得自己受到了尊重。再次，对方的喜欢会加深我们的自信心。因为自信是从别人的评价和判断中得到的，如果对方喜欢你，就证明你是一个优秀的、值得喜欢的人，这种正面的评价无疑会增强我们的信心。最后，对方喜欢我们，会让我们觉得找到了志趣相投的盟友，就愿意更多地分享自己的快乐，也更愿意帮对方解决问题。

所以，在职场中，喜好原则对于处理人际关系具有重大的作用，甚至能够影响同事、领导对你的判断和喜恶。如果希望自己的人际关系更加融洽，就应该熟练掌握喜好原则，让对方知道你喜欢他，欣赏他，然后赢得对方的喜欢，这样你做起事来就会事半功倍。

3. 他是“帅”，你是“卒”，尽量别和领导唱反调

职场上一直流行这样一句俗语，主要讲述了职场上一些时有发生的令人哭笑不得的“愚蠢行为”：领导发言你唠嗑、领导夹菜你转桌、领导开门你上车、领导报听你自摸……虽然只是句俗语，但是能直击要害：员工把领导的风头给抢了，把领导的情绪给破坏了，这的确是种十分愚蠢的行为。

曹操才华出众，总想卖弄其聪明才智，然后听取他人的赞美。然而，杨修自命不凡，屡屡戳穿曹操“门中活”“一盒酥”等玄妙的心思，抢尽风头，更是不给曹操留半点面子，最终被曹操以“鸡肋”事件为由，给处死了。

万物一理。在日常工作中，我们不能和领导唱反调，也不能抢了

领导的风头。领导高兴了，情绪也就好了，那么你的财运和官运也就自然来了。假如你喜欢自作聪明，总是以自己为中心，就会影响领导的心情，并给自己造成不可估量的损失。有时，假如你知道自己有非常好的表现，但是领导突然对你的态度变得十分冷淡，那么可能是因为，你在不经意间抢了他的风头，使他情绪全无，因而导致了这样的局面。

在工作当中，领导是下属的“帅”，下属是领导的“卒”。由于习惯性思维在作祟，即便是在工作之外的一些事情上，一旦领导和下属一同出现，领导就会下意识地以“帅”自居。如果一个“卒”把“帅”的风头都压下去了，那么领导就会觉得自己不如下属。即便是这些事情与工作毫无关系，但是领导心里仍然对下属的这种行为感到反感，他会觉得下属能做出这种事来，是因为没有将他放在眼里。

在职场中生存，想要明哲保身，除了不能对抗上司，更重要的是要小心不要抢领导的风头。在平时的工作中，大多数人是不会愚蠢到去跟领导抢风头的，可是，这种事情不一定只是体现在工作上，在与工作关系不大的其他方面也同样会出现和领导抢风头的情况。

某公司经理最喜欢下象棋。在他的员工里面，业务部主管李楠也是下象棋的高手，假如论棋艺高低的话，与经理算是不分伯仲。

平时，李楠与同事下棋时就争强好胜，常常是不给同事留一点情面，可说是大杀四方。经理和李楠算是不分上下，平时下棋时，实力五五开。对此，经理虽然觉得面子上过不去，但李楠既然是下棋高手，那他的心里倒也没觉得怎么样。

可是，李楠偏偏争强好胜，当他终于在公司遇到经理这个对手之后，他自然不肯罢休，于是暗下决心，一定要赢过经理。因此，他买来各种棋谱进行仔细研究。不久之后，李楠的棋艺长进不少，而且他自己还琢磨出很多新的杀招来。

一天，经理又找李楠下棋。结果可想而知，在李楠的猛烈进攻下，经理终于输掉了比赛，而且是连输了三局。经理被李楠打得毫无还手之力，事后自然觉得自己颜面尽失，情绪也变得烦躁起来。他再想想李楠平时心直口快，什么话都敢说，好像并没有把他这个经理放在眼里，所以心里更加反感了。不久之后，经理就把李楠给开除了。

“花花轿子人抬人”，在职场上摸爬滚打，力争上游、勇于表现自己本来是好事，但是假如你不管不顾地去跟领导抢风头，那就简直是太蠢了。因为领导之所以能够成为领导，就肯定有他自己的过人之处和强于别人的能力。因此，假如你有了表现自己的机会或者类似的场合，你也一定不能忘记，要先把你的领导推到你的前面，不要让领导觉得自己毫无存在感。

通常来说，不管是工作还是生活当中，下属赢了领导，或者把领导的风头抢尽，都是愚蠢的行为，这种行为难免会影响领导的情绪。因此，一旦你和领导在一起，如果不想得罪领导，就必须学会如何在领导面前“输”，要始终让领导觉得胜你一筹，要永远让他们情绪高涨，长此以往，你就成了领导的得力助手。一些下属不知道怎样去迎合领导，有意或无意地抢了领导的风头，最后只得是领导丢了面子，你没了好果子。

聪明的下属应该十分清楚怎样适时地将自己的功劳让给领导，千万别让你自己的光芒盖过领导，其实就是千万不能冒犯或冲撞领导，不抢领导的风头，想尽办法让领导有面子，善于将出风头的机会让给领导。这样一来，你就能“因祸得福”了。虽然你“损失”了一些利益，可是你的领导高兴了，就能给你带去更多利益。假如为了出风头而得罪了领导，坏了他的雅致，就势必要给自己平添许多不必要的麻烦。

4. 管理要懂“攻心”，用温暖调动起员工积极性

《孙子兵法》有言：“攻心为上，攻城为下；心战为上，兵战为下。”管理者在和员工相处时也是一样，要善于在“攻心”上下功夫，只有给予员工足够的温暖，才能调动员工的积极性，换来员工对公司的忠心。所以，对管理者而言，得人心者才能得天下。

国外著名作家拉封丹曾经写过这样一则寓言：

北风与南风比拼谁的威力大，看谁能使行人自愿把身上的大衣脱下来。北风首先发力，直接来了个寒风凛冽，结果行人纷纷将大衣裹得更加严实。南风却缓缓地吹拂，顿时如春风拂柳，行人暖意上身，全都将纽扣解开、脱掉大衣。自然，南风获得了最终的胜利。

北风和南风的目的都是使行人脱下大衣，但是因为方法不同，导

致最终的结果也有着天壤之别。这其实就是我们经常说的“南风法则”，即“温暖法则”。这个法则在人力资源管理中给我们最重要的启示就是：感人心者，莫先乎情。因此，作为一名领导者，必须要非常注意工作方法和工作态度问题，要对员工多一些“温情管理”，也就是说，领导者需要尊敬、信任和关心员工，要以员工的利益为本，少摆官架子，多一点人情味，竭尽所能去解决员工在工作和生活当中遇到的困难，让员工真正体会到领导者的责任心，和给予员工的温暖。

日本企业在使用温暖法则上的做法最为明显。

20世纪30年代初期，世界经济出现波动，日本本国的经济更是陷入一片混乱，大部分厂家都出现裁员的情况。工资降低，减产以求自保，百姓失业率逐渐增加，人们的基本生活没有保障。当时的松下公司同样也受到了重创，其销售额发生锐减，商品出现滞销，资金难以周转过来。此时，有些管理人员首先提出要进行裁员，缩小业务范围和业务规模。可是，此时正在家休养身体的松下幸之助并没这么做，相反，他果断决定，换一种思路，采用与其他厂家截然相反的做法：一个工人都不准裁，实行半日制生产计划，而工资按照全天计算支付给工人。而且，松下幸之助要求所有员工必须利用业余时间去推销松下的库存商品。公司的这个做法得到了所有员工的一致认可，员工想尽办法推销商品，仅仅花费了不到3个月的时间，就把库存的商品推销了出去。这个做法使得松下顺利地度过了最艰难的时期。松下曾经还经历过几次重大危机，但是松下幸之助始终坚守自己的信念，牢记职工为本的经营思想，使公司的凝聚力和抵御困难的能力得到大大的增强，因此每一次危机出现时，全体员工都能奋力拼搏，在和公司的共同努力下顺利生存下来。

实践再次证明，南风缓缓吹拂的“柔”要比北风寒冷刺骨的“刚”更加有效果。作为管理者，只有像“南风”那样融入工人的内心，企业才能创建“心齐、气顺、劲足、家和”的良好氛围和工作作风，才能形成强劲的核心竞争力，在越加激烈的市场竞争中占据一席之地。

在日本，差不多所有公司都非常注重感情的投资，他们情愿给予自己的员工如同家庭一般的温暖和体贴。那些管理者在严格执行管理制度的前提下，又能尊重和善待员工，热切关心他们的生活状况。例如，员工过生日时发一些礼物，关心他们的婚姻状况，为他们的成长提供足够的空间和时间。这种安慰不只是针对员工个人，也可以惠及他们的亲属，使他们的亲属也能感受到企业的温暖。与此同时，日本的大企业还普遍实行着一种内部福利制，就是让自己的员工能够享受最大限度的服务和福利。在员工的观念里，企业和员工之间应该形成利益共同体和情感共同体两样并存的温暖大家庭。也正是因为有这种互利关系的存在，日本大部分公司的员工都对公司保持着很高的忠诚度。

“人非草木，孰能无情。”大多数时候，人们需要的不仅仅是物质上的嘉奖，更多的是需要精神上的认可。只有在优良的情感环境里生活和工作，人们才能产生更大的积极性和更多的热情。因此，在现代社会竞争日趋激烈的环境下，管理者最需投入的资源和精力其实是情感。人是有感情的高级动物，对你的员工适时地进行情感投资，通常能收获让人难以预料的成果。

“投我以桃，报之以李”是中国从古至今一直以来的礼仪之道。我们常说的“滴水之恩，当涌泉相报”，其实也是同理。作为管理者，你把心思放在员工身上，切实地为员工的利益考虑，他们自然就会心怀感恩、努力工作。所以，凡是卓越的管理者，都懂得“自己对别人够意思，别人才会对自己够意思”的道理。只有对员工表达出足够的关心，让员工感觉到被重视，感觉到温暖，才能心怀感激，以更加饱满的热情投入工作当中，为企业创造更多价值。

5. 耐心沟通，化解员工的排斥情绪

管理者和员工形成管理和被管理的关系，彼此之间就自然要有沟通。一般来说，管理者在和员工沟通的时候，经常会产生截然不同的效果：有的是员工情绪极其稳定，对管理者更加信服；有的是员工对管理者产生更大的排斥情绪，对管理者更加不满。实际上，在管理的过程中，沟通相当考验管理者的耐心。即便管理者在和员工沟通的时候需要具备足够的耐心，可也不要把沟通当成一件难事。作为管理者，你只要掌握了有效沟通的几个要点，善于掌控和了解员工的情绪和心理变化，和员工交流时不仅可以顺风顺水，还能增强自己的管理效果。德鲁克曾说："在管理的过程中，保持足够耐心的工作态度，才可以让管理者和员工之间的沟通更加顺畅。所以两者之间不管进行什么样的沟通，都离不开耐心这一基本素质。假如管理者想进入员工的内心世界，那么就更加需要用耐心的态度对其进行管理了。"因此，

作为管理者，消除员工排斥情绪的首要任务，是耐心地沟通。

当德鲁克还在雪佛兰汽车公司从事名誉管理顾问一职时，他就成功地把自己之前总结出来的管理经验运用在当时对员工的管理中。公司的技术部内有一位老员工，在日常的工作当中，这位员工总是表现得我行我素，很少愿意和别人合作。德鲁克认为，这样的员工就算能力再强、技术再熟练，也很难接受别人的管理。假如从长远的角度去看，他还会对企业的发展造成不利的影响。

后来，经过多番打听，德鲁克终于得知了这位员工的家庭住址，然后准备亲自登门拜访。对于此事，许多人都劝德鲁克最好别去，但是他仍然坚持自己的想法，决定去拜访他。这位员工的家里有个3岁的小女儿，德鲁克去拜访他时，德鲁克看到他的女儿正坐在地上画画。德鲁克说："这个小家伙太可爱了，我可不可以教她画画？"一开始，这位员工非但不高兴，甚至对德鲁克有些反感了。但是德鲁克良好的态度终于还是打动了他，使他答应了。然后，德鲁克蹲下去，开始教他的女儿画画。不久之后，这位员工说："麻烦你把你画成老虎模样的画摆放到窗台上去吧。"

德鲁克听到后，感觉十分奇怪，他觉得把老虎模样的画摆放到窗台上相当难看。但是这位员工却说："我这么做是为了驱邪，而且它还能带来好的运气。很多朋友都跟我说，这间屋子内有邪气，让我用猛兽来避邪。"此时，德鲁克感觉越来越奇怪，他想，这位技术高超的老员工难道还迷信？为了让老员工说出心里的想法，德鲁克就和他攀谈起来。在谈话的过程中，德鲁克才知道，这位员工的老婆在一年前病逝，从那时起，当他一想起家庭发生如此大的变故，就会变得不知所措、少言寡语。与此同时，他还辛辛苦苦地养着年幼的女儿，还要承受来自工作的巨大压力，因此他的情绪波动很大，脾气有时也会变得十分暴躁。

在之后的谈话中，德鲁克始终用平和的语气去询问这位员工，他为什么在工作时总是独来独往。这位员工把自己跟其他员工意见不合、其他员工对他有偏见等诸多情况向德鲁克一一表露出来。然后，德鲁克对这位员工的话进行了分析与甄别。他认为，真正导致这位员工习惯于独来独往的根本原因是他和其他员工之间的意见有分歧。当德鲁克意识到这一点之后，也就知道了在他自己进行管理工作的过程中，有哪些地方需要改进了。因此，在以后的管理工作中，他决定对员工进行定期的培训，并让员工彼此之间进行充分的沟通，此举不但化解了这位员工与他人的分歧，也对他自己进行的管理工作起到了良性的作用。

根据上面的事例我们就可以明白，作为管理者，你只要能够保持耐心，就可以和员工进行良好的沟通，消解员工自带的排斥情绪。相反，那些表现得操之过急的管理者，他们很少有耐心，这样就很难和员工进行顺畅而有效的交流。如果德鲁克不够耐心，在和那位员工沟通的时候表现得十分烦躁，那么这位员工不会信任他，他也就没有达到自己真正的管理目的。

我们可以说，在管理的过程中，我们总能遇到各种各样的情况。耐心沟通不但能够有效地消解双方的陌生感和尴尬气氛，还能快速地把管理者和员工之间的距离——尤其是心理距离拉得更近，更能加深彼此之间的情感和友谊。因此，耐心沟通就是管理者消除排斥情绪、实现有效沟通、建立良好关系的催化剂。

大多数时候，耐心沟通是一把打开彼此心门的钥匙。作为管理者，只有具备耐心沟通的素质，才能减少员工对自己的排斥心理，从而洞察员工的欲望、通晓员工的意愿，如此才能更加有利于管理者进行管理。所以，管理者若要将自己的管理能力发挥到尽善尽美，就必须采纳一些决策。那么耐心有效的沟通，即是一条纽带，能够很好地促进管理者与员工之间关系的加深。这条纽带不单单能够让管理者对员工进行有效的管理，同时还能够化解员工的排斥情绪，使其更好地融入集体中，为企业的全面发展提供巨大的帮助。

第九章　巧妙利用情绪，增加谈判胜算

1. 灵活使用激将法，顺利达成谈判目的

激将法是一种巧妙的计谋形式，既可用于己方，也可用于盟友，还可用于“敌人”。激将法用于己方时，目的在于调动己方员工工作的积极性；激将法用于盟友时，多半是为了增强盟友共同抵御竞争对手的决心；而激将法用于“敌人”时，目的在于激怒“敌人”，使其丧失理智，做出错误的判断，使己方有机可乘。而商场如战场，在商业谈判这场没有硝烟的战争中，只有灵活地运用激将法，巧妙地把控好对方的情绪，才能赢得谈判的胜利。

假如我们想达到预期的谈判目标，而谈判对手恰巧又是一个心浮气躁的人，那么此时用激将法是最合适不过的了。我们可以尝试用语言激怒对方，刺激对方的自尊心或虚荣心，降低对方的理智程度，从而实现我方的谈判目的。

有一家服装厂，5年前花费20万元从国外进口了一整套现代化的高科技刺绣设备，然而，由于技术力量不过关，导致这套设备放在厂里3年来都无法使用。后来，新任厂长老吴决定将设备转让出去。经过多方打探，他了解到本市有一家经济实力比较雄厚的服装厂，该厂正打算购买先进设备以扩大生产规模，把设备卖给他们无疑是一个不错的选择。不过，吴厂长也了解到，该厂由于成立时间较短，并且一直在扩大规模，所以手头上的资金应该不会很充裕。这样一来，对方可能会压低价格或者不能及时结款，而这是一个很让吴厂长头疼的问题。

谈判开始后，吴厂长要求对方依照原价购买自己的设备，对方的李厂长一听这话断然拒绝了吴厂长的要求。因此，谈判刚一开始就陷入了僵局。对此，吴厂长一筹莫展。但就在谈判双方中场休息的时候，吴厂长敏锐地发现了李厂长的软肋——年轻好胜。据说这位年轻的李厂长无论在何种情况下都从不认输，他最害怕别人说他没能力，看不起他。而他拼命地扩大工厂的现有规模，也正是源于他的这一性格。

找到了对方的软肋，吴厂长遂下定决心：一定要重新会一会这个李厂长。他不仅要让李厂长花原价把设备买走，同时，还要现款结算。

双方再次谈判时，吴厂长直截了当地说："李厂长，我们厂的设备是一整套现代化的高科技刺绣设备，如果您这里的技术力量不够的话，那我们就没必要再谈了，反正设备到了您那里也是白浪费。"

本来正在犹豫的李厂长一听这话，马上起了好胜之心："不会！我们厂的技术力量是本市最好的，在全国范围内也算是行业中的佼佼者，要是我们这里的技术力量不行，您这设备就甭想卖出去了。"

"当然。"吴厂长沉住一口气，"我当然相信李厂长的实力，要不然我也不会来找您啊！不过呢，丑话说在前头，我要现款结账。我是因为着急用钱才把设备转让出去的，不然，这么好的进口设备我自己还留着用呢！怎么舍得拿去转让？就是不知道李厂长能否答应我这个条件——现款结账。如果李厂长觉得为难，那我也不强求，我再去找别人。"

李厂长一听这话就急了："吴厂长，您这分明是瞧不起我！20万元算什么？我要是连20万元现款都结不了，这服装厂我也不用再干了。没问题，你的设备我要了，咱们马上就签合同。"

上述事例中的吴厂长巧妙地使用激将法，彻底征服了对方的李厂长，他不仅成功地将搁置了三年的设备以原价转卖给对方，还"迫使"对方以现款结算。由此可见，激将法在谈判过程中是有一定效果的。

每个人都有自尊心，他们最讨厌的就是自己的自尊心被轻视。在谈判中，如果直截了当地用贬低、羞辱，刺痛、激怒之，"冷水"浇头，就能够促使其丧失理智，而做出有利于我方的决定。

《三国演义》第四十三、四十四回讲到诸葛亮为了实现联吴抗曹的军事战略，孤身一人赴江东谈判，巧用激将法接连说服孙权、周瑜的精彩情节。诸葛亮先后与孙权、周瑜进行谈判，他先与孙权大谈曹操兵力强大，且曹操善于用兵，天下无人能敌，极力劝他们向曹操投降，以保全妻子富贵。他还谎称曹操是“好色之徒”，建议周瑜把江东美女孙权之嫂大乔和周瑜之妻小乔送给曹操，供其享乐，以求苟活。在孙权、周瑜看来，诸葛亮的这番话分明是在嘲笑他们的胆小、无能，不能抗击曹操。他们岂能忍受这样的侮辱，于是下定决心，孙刘联手对抗曹操。

虽然激将法可以使人暂时放弃理智，凭一时冲动去感情用事，从而起到“请君入瓮”的效果，但我们在使用激将法时，一定要做到因人而异。使用激将法需要事先了解谈判对手的性格、脾气、感情和心理。对那些理性客观的明白人，不适宜用这种方法，因为他们根本不会就范。而对那些谨小慎微、性格内向的人，也最好不要使用这种方法，因为这样只会让他们失去信心，甚至情绪失控。此外，我们还要掌握好“火候”。在谈判过程中使用激将法，如果火候太过，会给谈判对手造成过度的压力，极易使对手产生逆反心理，甚至一味地坚持自己固有的观点；如果欠缺火候，不痛不痒，则难以达到刺激其情绪波动的目的。

2. 少说“你错了”，避免激起反抗情绪

一位谈判专家在讲课时曾经这样告诫他的学生：“你们千万不要一有不同意见，就立即与对方争辩，这样做只会使双方发生激烈的对抗，尤其是在谈判刚开始的时候。”可见，当双方的意见或观点出现分歧的时候，不要立即反驳对方，因为反驳只会强化对方的立场。

有一名实习学员，从事汽车推销工作，他认为自己对汽车有很深入的了解，因此，每当有顾客来他这里选车时，他都会滔滔不绝地夸奖自己的车有多好，性能有多棒。当顾客对他的说法提出质疑或不认同时，他都会说“你错了，你说的不对”。然后拿出各种数据来证明顾客的错误。有的顾客会继续和他争辩，有的顾客虽然最后会承认他说的对，但无一例外，都没有选择买他的车。

他很郁闷，不知道出现了什么问题，于是向老前辈求助。结

果，前辈稍微和他聊了几句，就发现了他的一个小毛病——喜欢与人争辩。

于是，前辈耐心地告诉他，你首先要学习的不是什么谈话技巧，而是压制住自己喜欢与人争辩的个性，你应该清楚，这是做生意，不是总统竞选辩论。即使你心里真的有什么不同的意见，或者发现对方有明显的错误，也应该尽量保持冷静，并以一种谦逊诚恳的语气加以解释，千万不要直接指责对方。

他耐心地听取了前辈给他的建议，做到尽可能不与顾客争辩。如果顾客说别的汽车怎么怎么好，他就一言不发，先恭敬地听顾客说完，然后回应说："您说的那款车确实不错，质量很好，款式新颖，他们公司的推销员也很棒！"顾客得到了认同，心里觉得十分舒畅，自然也就无话可说了。于是，他就借此机会介绍自己的汽车："这款车的性能其实也不错……您看这里……"就这样，他再也没有与顾客发生过冲突，业绩自然就突飞猛进地涨上去了。

当你与对手发生争辩的时候，即使你的观点无比正确，但是当你强迫别人接受你的观点的时候，你同样会一无所获，因为你的争辩仅仅是在逞口舌之快，没有任何的实际意义。其实，正确与错误本身并没有多大的意义，观点属于个人，我们每个人都有坚持自己观点的权利，即使观点是错误的，你也无须要求别人必须听从你的正确意见。常言道："赢得一场争辩，就等于丢掉一桩生意！"而这正是谈判人员需要时刻牢记的箴言，因为到现在为止，还没有听说过哪位谈判家因为与对方“吵嘴”取胜而促成生意的例子。

郭凯是一家百货公司的业务部经理。该公司为了扩大品牌效应，他们需要与另一家大型百货公司合作。于是公司决定委派郭凯作为谈判代表去与这家百货公司协商合作的条件。

在谈判过程中，郭凯为了给自己的公司争取到更多的利益，不惜利用对方公司前一段时间与顾客间发生的纠纷对对方进行打压。

对方代表听到郭凯的话后，面无表情地说：“俗话说‘金无足赤，人无完人’，历史上那些伟大的人物一生中也难免会犯错，但是这些错误丝毫没有影响他们成就卓越的事业。只要能及时地纠正错误，那又何必再求全责备呢?”

郭凯却丝毫没有停手的意思，继续辩解道：“但是，你必须承认，这些错误是他们一生中永远抹不去的污点，并将被人们一直记住，它们并不会随着岁月的流逝而逐渐淡化。”

郭凯的这一番话，彻底激怒了对方代表：“但是，你也必须承认，人们记住更多的是他们的功劳而不是错误，在伟大的功劳面前，他们犯过的错便不值得一提。”

郭凯不情愿地说：“好吧……我现在不想谈论这个话题，我们还是谈谈合作的条件吧，这才是今天谈判的主题。”说完，郭凯便把自己公司提出的条件逐一陈述给对方。

郭凯说完后，对方代表没有做出任何回应，场面一度变得十分尴尬，郭凯在不得已的情况下只得叫了暂停，但是在中途休息的时候，对方代表派人告诉郭凯，他们无意与郭凯的公司合作，请郭凯另寻合作的对象。

而此时的郭凯还觉得对方莫名其妙。

上述事例中，如果郭凯能准确感知对方的情绪，不去与对方在一些以前的事情上争辩，而是及时说一些平复对方情绪的话，或许就不会造成谈判失败的结局。我们不禁为郭凯感到惋惜，但更重要的是要引以为戒，切记在谈判时不要与对方在小事上争辩对错。

在谈判中，说对方错了，等于“自显高明”。如果你说了对方一句“你错了”，并且以此迫使对方让步，这只能让对方感到没面子，内心十分难堪，并不能达成自己的目的。

我们说，辩论的最大利益只能通过一种办法得到，那就是避免辩论。如果你喜欢争强好胜、喜欢唱反调，就算你可以取得言语上的胜利，但这胜利也是空洞的，因为你已经永远地失去了对方的认同与好感。所以，在谈判过程中，当我们认为别人观点有误时，应该表现出更多的宽容和理解，而不是说“你错了”，因为这样做除了增加对方的反抗与抵触情绪外，于谈判本身毫无益处。

3. 若想谈判获胜，对方坐姿不可忽略

我们在谈判过程中，经常会碰到对方坐在那里默不作声的情况，一旦遇到这类谈判人员，很多谈判新手就变得无所适从了。其实，这个时候恰恰是谈判的好时机。因为，一个人的坐姿不仅能反映出一个人的性格特征，还能反映出他们的心理变化。这个时候，只要我们仔细观察对方的坐姿，了解他们此刻的心理活动，及时调整谈判策略，就能够轻松达成交易。

小王是一位保险推销员。有一次，他去拜访一位约好的客户。当小王被客户请进屋子后，客户就直着身子坐在沙发上，认真地听他对产品进行描述。小王在讲解的过程中感觉客户性格比较内向，非常拘谨。于是，他决定主动缓和一下气氛，他试着讲了一些轻松的话题，很快，两个人的谈话变得自在多了，客户也很自然地靠在了沙发背

上。小王察觉到客户的这一反应，又通过旁敲侧击的方式，向客户讲解了一项新的保险业务，果然，客户被吸引了过来。客户的身体离开靠背，向前微倾，似乎是怕听不清楚一样。小王知道，客户这个时候已经有了购买的想法，于是及时劝说和鼓励，最后，客户和小王达成了交易。

起初，小王的客户是“直着身子”聆听小王对产品的介绍，这种一本正经的坐姿不仅显示出对方的拘谨，同时也多少带有一丝防备心理。观察到这一坐姿后，小王开始讲一些轻松的话题来缓和气氛，而客户也受到感染，将坐姿调整成“自然地靠在了沙发背上”。小王见势开始转入正题，介绍自己的保险业务，而客户被吸引，“身体离开靠背，向前微倾”，观察到这一坐姿，小王心里有了底，知道客户有了购买欲望，于是及时进行劝说和鼓励，最终促成了这笔交易。可见，从对方的不同坐姿中，我们能够发现对方的某些心理特点、个性和态度。但是，在现实生活中，客户不会保持一个坐姿不变，所以我们要学会随着交流的进展、心情的变化来改变谈判策略，及时从客户的坐姿变化中看到他们的心理变化。

有的人坐下来的时候，习惯将左腿搭在右腿上，将双手交叉放在大腿左侧或右侧。一般来说，采取这种坐姿的人性格都比较自信，他们有自己独立的见解或主张，很难被说服。这样的人头脑相当聪明，具有一定的领导才能，但是，当他们身处高位时经常会表现得妄自尊大、得意忘形。如果遇到了这样的客户，谈判的时候一定要做到不卑不亢、真诚坦率。

有的人坐下来的时候，他们的腿会自觉地靠拢在一起，双手自动交叉放在大腿的两侧。通常来说，这类人思想保守、性情古板，不易接受他人的意见。很多时候，虽然他们知道别人说的是对的，但依然会坚持自己的看法。这种人往往还是完美主义者，无论做什么事情都要求尽善尽美，但他们只喜欢挑剔别人，对自己却没有太多的要求。如果遇到了这样的客户，谈判的时候一定要有足够的耐心和说服力。

有的人习惯坐的时候敞开双脚，两只手随意放置，这是开放式的坐姿。这类人的性格通常较为外向，说话办事干净利索，不拘小节。他们具有一定的领导风度，组织管理能力也较强，甚至还有支配欲。他们通常喜欢标新立异，不喜欢按照前人的老观念、老方法做事。跟这样的顾客交流，一定不能拘泥于老套路而要尽量做到出其不意。

有的人习惯侧身而坐。这种人通常比较乐观，他们大多数都是精明能干的人，很招人喜欢，然而，他们往往缺乏耐心和毅力，经常会半途而废。在与这类客户谈判的时候，说话要言简意赅，不要试图挑战对方的耐心。

有的客户坐下的时候习惯将身体蜷缩在一起、双手夹在大腿中间，他们通常都有一些自卑感。在与这类客户谈判的时候，如果他认同你的看法，那么你不妨大胆地帮他做决定。

还有的客户，坐在椅子上摇摆不定，心神不宁，他可能有心事，所以表现得十分焦躁；甚至他们可能对你的谈话丝毫不感兴趣，不愿意再继续听下去。面对这样的客户，不如尽早结束谈话，以后再找时间沟通。

综上所述，作为谈判人员，一定要懂得从客户的坐姿中捕捉到有价值的信息，从而为自己的谈判工作提供帮助。只有将对方的心理变化和性格特征了解清楚，才能制定出相应的谈判策略，从而增加谈判成功的可能性。

4. 做一个戏精，假装威严震慑对方

在日常生活中，我们经常会有这样的感受：那些爱笑的人更容易被接近，而那些表情严肃的人，人们往往对他们敬而远之。那是因为表情严肃的人给人心理上一种威慑感，让人难以接近，即便他言语不温不火，也总给人带来很威严的感觉，而这就是表情传递过来的一种心理强势。尤其是对于领导者这个特殊身份而言，他们通常不会随意微笑，因为太多的笑容会消减他们本身的威严。因此，在他们脸上大多时候出现的是一种严肃的表情，领导的身份与地位加上这样一副严肃的表情，就会自然而然地迸发出一种威慑力，令人敬畏。

另外，在商务谈判中，当你准备好一切，准备走向谈判桌时，千万不要忘了一样东西，那就是你的气场。因此，在商务谈判中要学会做一个戏精，充分展现一个商业谈判者必备的三种特质：强硬、吝啬和自信。

谈判者常常会通过对方的语言、目光、姿态和表情等来传递信息、表达态度，所以作为一名谈判人员一定要成为一个“戏精”，不管平时如何亲切，都要在谈判桌上表现出威严，只有扮演好自己的角色，才能够确保谈判成功。

在谈判过程中，王经理一直都板着一张脸，表情严肃，话也不多，只是简单地说了几句话。王经理的下属小张却非常纳闷，王经理在工作中向来是一副亲切的笑脸，怎么到了谈判桌上就跟变了一个人似的。令小张感到奇怪的是，对方的谈判代表，也都是一副严肃的表情，谈判桌上严肃的气氛将小张想笑的欲望硬生生地压了下去。虽然，他并不理解大家为什么会变得如此严肃，但他知道自己绝不能笑出来，否则就会破坏谈判的氛围，并影响到谈判的最终结果。

谈判结束后，小张随着王经理一起出了门，刚一出门，王经理立即长呼出一口气，随即露出了满意的笑容。小张有些不解地问：“王总，为什么刚才谈判时你不笑，现在出了门却笑呢?”王经理别有深意地说：“你要知道，笑容也不是随随便便就可以展现出来的，尤其是在面对谈判对手的时候，这时我们更要保持一副严肃的表情，只有这样，才能给对方造成一种威慑力。否则，你总是一脸笑容，那一定会给对方留下一种我们‘好欺负’的感觉，那在谈判中，我们肯定会吃亏。”“原来表情还有这么大的学问，我记住了。”小张恍然大悟。

虽然说，爱笑的人运气不会太差，但是，如果一个人整天都在笑，那就很难给人造成一种威慑力。相反，人们只能感受到你的亲切和温柔，因为笑容是毫无威胁的。在生活中，我们并不主张总是板着一张脸，但是在特定的环境中，我们需要学会适当地隐藏自己的笑容。毕竟不分场合、不分对象地笑，只会给对手留下一种“好欺负”的感觉。所以，在商务谈判中，不要随意地笑，而要像“戏精”一样巧用严肃表情威慑人心。

在谈判桌上，还要给人一种像守财奴一样吝啬的感觉，吝啬在这里并不是一个贬义词，而是一种对自己利益有效争取的正确态度，你可以在生活中对自己的亲人、朋友大方，但是不要让你的谈判对手感觉到你很大方。因为当你让对方感觉到很大方时，他们会想从你身上获取更大更多的利益，这就意味着要达成谈判目的，你需要付出更高昂的代价。

其实，除了不苟言笑外，还有很多方法可以帮助大家在谈判中增加自己的威慑力。比如提高说话的音量，身体摆出自信满满的架势。宏大而响亮的声音是震慑对方的一种常用手段。

古代敌国双方在战场上对垒时，都会擂起战鼓，声音越高，士气就越旺盛，士兵的战斗力越强。鲁国与齐国打仗，齐国先擂鼓，刚开始时，鼓声惊天动地，齐军士气大振。鲁军却按兵不动。渐渐地，齐军的鼓声越来越小，士气也慢慢地低落下去，这时鲁国军队擂起战鼓，一鼓作气，将齐军打败。

在谈判中也是一样，通过提高自己谈话的声音，也能给对方造成一种心理压力，起到一定的威慑作用。另外，人的肢体动作也是威慑对方的一种武器。屠格涅夫曾经写过这样一个故事：

一只小麻雀从树上掉下来，飞不动了，猎狗看见了，赶忙跑过去。老麻雀见状，立刻从树上飞下来，挡住了小麻雀，它张开了全身的羽毛，恶狠狠地盯着猎狗，猎狗竟然呆住了。

这只老麻雀本能地利用自己的羽毛、动作和眼光这些天生的武器向猎狗示威，摆出一副必胜的架势，终于成功地震慑住了猎狗。

所以，不管我们在日常生活中多么和蔼可亲，在谈判中，一定要学会伪装自己，做一个合格的“戏精”，通过面部表情、说话的声音以及神态动作等给对方造成一种心理压力，起到威慑对方的作用，从而促使谈判的成功。

5. 制造紧迫感，让对方在压力之下就范

如果在谈判中，对方已经表露出成交的意向，但是这种意向还不够强，这时候我们要想促成谈判成功，就有必要通过各种方法给对方制造一种紧迫感，让对方误以为如果现在不立即成交，将会错失良机，给自己带来不小的损失，以此来促成交易。

海南三亚有一个高档住宅小区，小区里只有10套房子，虽然很多人对它感兴趣，但是都被它高昂的价格给吓跑了。

有一天，在售楼中心，一位大老板对这幢住宅赞赏不已。机智的推销员立刻迎上前说："先生您真是独具慧眼，这种海景房是我们公司所有小区里最豪华的一种，它们全部是由世界上最优秀的设计师设计出来的杰作，我敢说，在三亚，您再也找不到像我们这样将风景和设计完美结合的海景房了。住在这样的海景房里，绝对是无与伦比的

至尊享受。不过，这样的房子在我们小区一共只有10套而已，而且现在已经所剩无几了。我刚刚听说另一位工作人员在电话里已经跟客户约好下午来看房子。我知道您一定也很想买，所以我建议您赶快做出决定，否则很可能就没有机会了。”

尽管这位老板觉得有些贵，但还是由于害怕失去最后的机会，所以当即决定先交付十万元的定金。

这个聪明的推销员采取“最后机会”的说话技巧，让客户变得紧张起来，使其为了争取到最后的机会，主动交付了定金。这就是在谈判中给对方制造紧迫感的好处，可以让对方在压力之下立刻做出成交的选择。

毋庸置疑，在谈判中，最重要的是取得谈判的主动权，要做到这一点，就必须认真分析并掌握对手的心理。一般来讲，人在没有退路的情况下，都会选择退而求其次，即接受他人的建议。所以，在我们与对手交涉的过程中，可以巧用最后时机，适当地把话说绝，让对手觉得无路可退，从而“迫使”其就范。

美国一家公司的商务代表杰特到法国参加一场商贸谈判，受到法国代表的热烈欢迎。法国代表亲自到机场迎接他，并把他安排在一家豪华宾馆。杰特因此产生了一种宾至如归的感觉，觉得法国代表对他的态度很友好。一切都安排妥当后，法国代表有意无意地问了一句：“您是不是要准时乘飞机回国呢？到时我们可以安排这辆轿车送您去机场。”杰特表示时间紧急，必须抓紧时间赶回去，并把自己回程的日期告诉给了法国人，以便让对方尽早安排。法国人因此巧妙地掌握了杰特谈判的最后期限：只有10天的时间。

然后，法方先安排杰特游览法国的风景名胜，却闭口不谈谈判的事。直到第7天的时候才开始安排谈判事宜，但也只是泛泛地谈了一些无关紧要的问题。第8天重新开始谈判，结果只是草草收场，没有任何进展。第9天仍没有实质性进展。第10天，正在双方谈判关键问题的时候，接杰特去机场的小车来了。主人建议剩下的问题在车上谈。杰特进退维谷，如果不尽快做出决定，那就是白跑一趟，为了不至于一无所获，只好答应法方“最后通牒”的一切条件。

两方交涉，当最后期限来临之时，彼此在内心深处都会与自己进行一番思想搏斗，距离最后期限越近，人的压力也就越大，一旦屈服于这种压力，就只能被另一方牵着鼻子走。很多时候，在谈判结束前某一方会做出一些大的让步就是由于这个原因。

人们在“最后期限”临近前的效率总是会更高，而制定“最后期限”就是一种高效的止损手段，通过设定“最后期限”让责任承担者认识到如果不按时完成任务将会造成更大的损失，而人类趋利避害的本性则会驱使他们及时完成任务以保护自己。

无论是政治谈判、军事谈判还是商务谈判，在谈判中都可以使用“最后期限”这一“非常规手段”。之所以称其为“非常规手段”，是因为它是一种不得已而为之的策略。最后期限不但给对方设定了界限，同时也给己方套上了枷锁，双方在“最后期限”前都没有可供回旋的余地，所以极易造成谈判双方的针锋相对，最终导致谈判破裂。所以，当我们使用这一策略时，一定要事先考虑清楚，只有在条件成熟的情况下才能使用，否则后果不堪设想。最后期限前若能成功，则能有效地逼迫对方让步，使己方获得巨大的利益；但若使用失败，不仅与对方的关系恶化，还会使己方丧失宝贵的谈判机会，因此，最后通牒是一把双刃剑，使用时一定要慎之又慎。另外，当你提出了时限的要求时，就要坚持撑到最后一秒，切勿轻易改变决定。

6. 适时闭嘴，结局比你想象的更完美

在实际谈判中，有时候需要我们假装沉默、适时闭嘴，让对方摸不透我们心中所思所想。所谓“言多必失”，真正卓越的谈判者要学会沉默，无论在什么场合，说话都应该言简意赅，不该说、没必要说的话一句也不要说。在谈判场合口若悬河、滔滔不绝地做讲演，这是很多人梦寐以求的场景，但如果自己在不合适的时机口无遮拦，说错了话，说漏了嘴，就极有可能造成难以弥补的损失。法国著名作家大仲马说过：“无论一个人的口才有多好，当他说得太多的时候，终究会说错话。”诚哉斯言，当你说得太多，有关自己的一些信息就会在不经意间传递给对方，这样很容易使对方看穿你的心理，因此，我们要学会假装沉默，让对手猜不透我们的心思。

犹太人认为，在商业或私人交际中，适当沉默常常是最好的选择。与善于交谈的人谈判，如果你能耐下心来倾听对方说话，最后你

肯定是赢家。为什么这样说呢？因为人们不习惯沉默，即使是一分钟的沉默都像一个世纪那样漫长。这就是找喜欢说话的人做生意的好处。如果销售人员只顾自己一个劲儿地推销产品如何好，而不懂得倾听顾客的意见，那么他就无法了解顾客的想法。而一个成功的谈判过程应该是，自己只说三分之一的话而把三分之二的话留给顾客去说，然后，认真地倾听。再过一会儿，顾客就会主动地掏出钱包。

美国的发明大王爱迪生在研发出自动发报机后，他想卖掉这项发明的技术使用权，然后利用这笔钱建造一个实验室。因为不熟悉市场行情，不知道这项发明能卖多少钱，爱迪生便与夫人米娜共同商量这件事。然而，米娜也不知道这项技术究竟能值多少钱，她一咬牙，发狠地说："就要2万美元吧，想想看，一个实验室建造下来至少要2万美元。"爱迪生听完苦笑道："2万美元，太多了吧？"米娜见爱迪生一副犹豫不决的样子，于是坚定了自己的态度："我看没问题，要不然，你到时先套套商人的口气，让他先开价再说。"

在当时，爱迪生已经是一位远近闻名的发明家了。一位商人听说了这件事，于是他专门找到爱迪生，表示自己愿意购买爱迪生的自动发报机和制造技术。在商谈价钱时，这位商人问爱迪生打算开价多少。因为爱迪生一直认为2万美元的要价太高了，不好意思开口，所以只好沉默不语。这位商人反反复复地追问，爱迪生却始终不好意思说出口，因为他的爱人米娜上班还没有回来，爱迪生心想，我还是等米娜回来再说吧。

最后，商人终于按捺不住了，说："那我先开个价吧，10万美元你觉得如何？"这个价格大大出乎爱迪生的意料，爱迪生大喜过望，当即不假思索地和商人拍板成交。后来爱迪生还对米娜开玩笑说："没想到我只晚说了一会儿，就多赚了8万美元。"

从上述事例中我们可以看出，沉默是可贵的，在谈判中，沉默往往比动听的话语更有力量，所以我们要学会在沉默中积蓄能量，在沉默中寻找时机。

在谈判过程中，很多时候我们可以用沉默来说服对方，而且这样做的效果往往比语言更加管用。例如，当谈判双方都已经了解到彼此的需求，而买家也已经清楚了你的报价和价格结构，并且对你的产品表现出极大的兴趣时，买家势必会故意压低你的价格，他会对你这样说："其实我们和目前的卖方合作得非常愉快，但我还是想跟你们交个朋友。这样吧，如果你们能够把价格降到每公斤15元，那么我们就要10吨你们的货。"这时，你千万不要被对方的说法唬到，如果他真的和现在的卖方合作愉快，也就没有必要坐下来跟你谈判了。那么，你应该怎样回复他呢？你应该平静地对他说："抱歉，我想你们还是出个更合适的价钱吧。"然后把嘴巴闭起来，保持沉默。

如果对方愿意抬价，那当然是最好。不过，如果对方是一个有经验的谈判者，他会努力让你打破沉默，他可能会反问道："那么，我应该出多少才合适呢？"他之所以这样说，是为了迫使你说出具体的数字。但是，如果你现在开口，就失去了沉默的力量。这时，你应该继续保持沉默，然后一言不发地看着对方，同时保持适度的微笑，并点头鼓励对方说出一个他内心的数字。买主很可能就会对你做出让步。

这就是我们在谈判中经常使用的一种谈判策略，即用沉默的力量来摧毁对方的心理防线。在谈判中，你冷静地开出自己的价格，然后选择沉默，在强大的心理攻势下，买家很可能会同意你的要求。这就告诫我们，在你还没有弄清楚对方能否接受你的建议之前就盲目地开口表态是十分愚蠢的，因为这会让你丧失“沉默的力量”。

沉默战术在日常谈判中的妙用就在于能够让对方不知所措，分寸尽失，从而一再让步。所以，谈判中要学会沉默，适时地闭嘴，结局可能比你想象的更完美。

第十章　从小动作看懂男女心事

1.当TA脚踝相扣：消极情绪也可以向积极转变

人类行为学家德斯蒙德·莫里斯认为，人类动作的可信度从高到低依次为：自律神经信号，下肢信号，身体(肢体)信号，无法识别的手部动作，可被识别的手部动作、表情以及话语。其中最能流露内心真实想法的是神经自律信号，其次就是下肢的信号。由此可见，腿部动作能够传达出人的各种内心信息。而在丰富的腿脚动作之中，脚踝相扣这个动作细节独具深意，能够帮助我们分析对方的心理活动和情绪变化。

脚踝相扣时，人们做出的具体动作因性别的不同而不同，当然，含义也是不同的。大多数男人做出脚踝相扣的动作时，通常都会将双手紧握成拳置于膝盖上，也可能会牢牢抓住椅子的扶手，还可能摆出展示胯部的姿势。而女性做出脚踝相扣的动作时，通常会把双膝合拢，并把两只脚朝向身体的同一侧，双手并排或是交叉着放在腿上。

也就是说，男女在做脚踝相扣这个动作时最大的不同就是：男性习惯于将双膝敞开，而女性则尽量合拢，将两腿之间的缝隙减少到最小。

事实上，如果一个人在谈话过程中做出脚踝相扣的动作，那就意味着在他的心里已经产生了“紧咬双唇”的潜意识。换言之，这个脚踝相扣、紧咬双唇的动作表明此人正在努力抑制住自己的某种消极情绪。一般来讲，出现这种情况有两个原因：要么就是对某事缺乏把握，要么就是内心感到恐慌与害怕。与之相对应的往往是沉默寡言的态度。反之，如果一个人对交谈非常感兴趣，那么，他就不会做出脚踝相扣的动作，而是双脚很自然地伸向前方。

所以，在交谈中，当你要求谈话对象做出一项决定时，看到对方做出脚踝相扣的动作，那么，对方做出的这个决定十有八九不会是你想要的结果。尤其是表白的时候，看到脚踝相扣的动作，那么表白成功的概率将会十分渺茫。

任伟对新来的同事王芳一见钟情，从此以后，任伟就经常找借口来王芳的部门，找机会和王芳搭话。下班时，他也会专门等着王芳收拾好办公桌后，赶快起身离开，假装顺道，一起搭车。一来二去，王芳和任伟就熟悉了起来，再加上任伟平时对王芳不断地献殷勤，也让王芳觉得任伟这个人很不错。

渐渐地，圣诞节快到了，任伟觉得是时候向王芳表达自己的爱慕之意了。于是，下班时，任伟约王芳一起共进晚餐，王芳也同意了。来到餐厅点完餐后，任伟不停地为王芳倒水、夹菜，各种献殷勤。从王芳满意的笑容中，任伟感觉到自己表现得不错。

这时候，任伟觉得时机到了，悄悄从包里拿出一朵玫瑰花，深情地望着王芳，说道："也许你并不相信一见钟情，但是我信。其实从见到你的第一眼起，我就深深地被你吸引了。虽然我不一定是你最满意的那个人，但我一定会让你成为最幸福的那个人。"

王芳先是一惊，然后轻声说了声"谢谢"。把玫瑰花接了过来，然后就不再说话了。这时任伟也无所适从，不知道王芳的这声"谢谢"是接受还是委婉的拒绝。任伟不经意间，在桌子下伸了一下腿，没想到，不小心碰到了王芳的腿。两个人立刻收回了腿，相互尴尬地笑了笑。这时，任伟注意到，王芳脚踝相扣。看到这里，任伟内心一沉，知道这是女生抗拒或拒绝的一种表示。

任伟失落地又问了一句："是我哪里不够好，配不上你吗?"

王芳略显尴尬，说道："不是的。你很好，是我不够好，你配得上更好的。"

这种官方的拒绝让任伟也无可奈何，于是两人吃完饭就各自回了家。

而另一个故事中的王刚在面对同样的情况时，采取了不同的处理方式，当然也收到了不一样的结果：王刚表白后，看到心仪的女生做出了脚踝相扣的动作，心里清楚对方的内心是拒绝的，但是王刚却真诚地说："虽然我现在还不够优秀，达不到你的要求，但是我会让你看到我的努力，给你想要的生活。"看到王刚一脸真诚，女生并未将拒绝说出口，反而松开了自己的脚踝，虽然她嘴上不置可否，但是王刚知道这是对方心里动摇的表现，是想再给自己一个机会。王刚暗自庆幸，虽然表白没有成功，但是也不至于一点余地都没有。

故事中的任伟在对一见钟情的王芳进行表白时，看到对方“双脚相扣”的动作，解读出对方是对自己“拒绝”的态度，然后接着追问“是我哪里不够好，配不上你吗?”面对这样的追问，对方只好尴尬而不失礼貌地回答“你很好，是我不够好，你配得上更好的”。而王刚就不同了，虽然对方的内心也是拒绝的，但是在表白成功机会渺茫的情况下，他能够及时地根据对方情绪的变化进行引导，通过提出积极的问题让对方松开了自己的脚踝，从而引导对方的情绪转向乐观，为自己争取了机会。同样是在表白成功的概率渺茫的情况，而不同的引导方式却成了收获不同结果的关键。可见，通过观察各种场合当事人脚踝相扣的微动作，我们可以更好地了解对方的心理特征以及情绪变化，然后采用积极的方式对对方的情绪进行引导，使其由紧张转向放松，从而达到自己的目的。

2. 建立共情，你们就有聊不完的话题

"好看的皮囊千篇一律，有趣的灵魂万里挑一"，现代社会从不缺乏好看的皮囊，能够与自己志趣相投的人却少之又少。所以，当我们在偶尔的时机遇到自己志趣相投的人，都会有种如获至宝的惊喜感，会觉得彼此很投缘，很容易成为知己。与志趣相投的人聊天，彼此之间会变得非常熟悉，甚至有种一见如故的感觉。这样的交谈，无疑是十分愉快的，也有助于增加彼此之间的好感。

在一次相亲大会上，丽娜的小狗突然不见了。丽娜急坏了，她根本没心思和其他的男孩聊天，就赶忙去找狗狗了。丽娜把公园的每一个角落都找遍了，才在长椅下面找到了她心爱的狗狗。原来她的狗狗正在和另外一只可爱的狗狗玩呢！

没过多久，有个男孩急急忙忙地赶来，四处张望。丽娜看到他神

色匆忙，因此问："你也在找小狗吗？"男孩焦急地点了点头。丽娜用手指了指长椅下面，示意男孩不要打扰那一对玩得正欢的小狗。于是两人站在一旁等待它们。丽娜问男孩："你也喜欢狗狗吗？"男孩不好意思地摸了摸头，说："我的梦想就是在家里养三条狗。"丽娜听完忍不住笑了出来，说："哈哈，那咱俩真是有得一拼，我的梦想是养六条狗。"男孩看到丽娜也如此爱狗，随即对丽娜表现出了明显的好感。他问丽娜："你也是来参加相亲大会的？""没办法，家里催得太急。"丽娜无奈地指了指贴在衣服上的会标说。男孩也苦笑了一下，说："其实我也是被老妈揪来的。我以前的女朋友，非让我在狗和她之间做个选择，我就选择了狗。"说完，男孩还俏皮地吐了下舌头，丽娜开心地笑了起来。男孩接着说："留个电话吧，我三条狗，你六条狗，咱俩谁也不嫌弃谁。"女孩欣然应允，和男孩一起牵着狗在公园里散步。他们之间有着说不完的话题，全都是关于可爱的小狗的。

在上述事例中，一对小狗就像是牵线搭桥的红娘，帮助丽娜和男孩走到了一起，成就了一段美好的姻缘。尤其在丽娜听说男孩是因为爱狗才和前任女朋友分手的事情后，如果丽娜不爱狗，一定会心生忧虑。但丽娜恰恰也是一个喜欢养狗的人，而且两个人共同的理想都是在家里养几条狗，这个时候他们都觉得自己找到了志趣相投的人，于是相谈甚欢。这就是志趣相投的魅力，它能让两个素不相识的人瞬间变得熟稔起来，而且彼此在交谈中绝不会出现冷场。男孩非常幸运，因为喜欢养狗，他还顺其自然地要来了丽娜的电话，准备进一步交往。男孩征服丽娜的过程几乎毫无痕迹，只因为共同对狗的喜爱，所以志趣相投的他们最终能够自然而然地走到一起。

那么，当你第一次遇到喜欢的人时，怎么辨别对方是不是和你志趣相投的人呢？其实，一个人的精神追求、兴趣爱好等，在他们的身上都或多或少地有所体现，只要你留心观察，就能发现你们的志同道合之处。

火车上，一位文质彬彬的男士安静地靠窗坐着。对面座位上是一位年轻漂亮的女士在看一本世界名著。男士被女士清雅的气质深深地吸引住了，便主动与她交谈："请问你是做什么职业的？"女士微笑着回答："我是一名中文教师。""这么巧，咱们是同行呀。"这位男士惊讶道。就这样，他们便开始了愉快的聊天之旅，从古典诗词聊到外国文学再到教学方法和教育经验，一路上两人越聊越投机，最后互相留了联系方式。经过一段时间的交往，两人最终走到了一起。

常言道："酒逢知己千杯少，话不投机半句多。"志趣相投的两个人一旦打开话匣子仿佛就有聊不完的话题，在交谈中，两人的感情自然也慢慢升温。科学家研究发现，所谓的爱情其实就是因为相关的人和事物促使脑里产生大量多巴胺导致的结果。值得一提的是，在体内的多巴胺发挥作用时，请你保持好足够的理智，去判断眼前的这个人，到底是一个和你的爱好南辕北辙的人，还是与你志趣相投心灵可以碰撞出火花的灵魂伴侣。

两个异性能够成为朋友，彼此间很可能是志趣相投，性格合拍，而且在他们的身上，一定有相互吸引着彼此的地方。这样的两个人，他们了解彼此，信任彼此，相处起来也是默契十足。这份默契可以让他们的感情迅速升温，从朋友发展成为恋人。

人生苦短，如果能和深爱的人做知己，想必是一件幸福而美好的事情。因为和一个没有任何共同语言的人在一起，当多巴胺失去效果时，我们总会经历一段无比痛苦的磨合过程，甚至不得不做出一些牺牲和改变。而和一个志趣相投的人在一起，即使多巴胺失效我们也可能会因为互相欣赏，惺惺相惜，让彼此长久地处于幸福之中。

3. 善解人意的女人是男人情绪的安慰剂

善解人意是一个女人优秀的品质。善解人意的女人无论遇到什么事，都能尽量用自己的心去体会别人的心，用自己的感觉去体会别人的感觉，所以她们懂得理解人、谅解人，也善于体察人。善解人意的女人能够从爱人的一举一动中洞察出其情绪的反常之处，然后想办法调节对方不好的情绪，让对方的情绪向着好的方向转换。所以，善解人意的女人不只能让男人动心，更能发挥调节男人情绪的安慰剂的功能，让男人舒心。

有人说，善解人意是一个女人对男人的爱意。善解人意的女人更容易在婚姻生活中获得幸福与美满，所以，用你的善解人意去征服男人的心吧。我的朋友小琴就是很好的例子，因为她的善解人意，才让她的婚姻生活变得更加幸福美满。

小琴的老公是做广告业务的，每天都会陪客户到很晚，各种应酬非常多，工作非常忙，几乎没时间陪孩子，也没时间陪她，天天都累得跟狗一样。有一天，在一次饭局上，小琴的老公被客户狠狠地骂了一顿，闷闷不乐地回到家，话都懒得说。

小琴是这样做的，在老公进门的那一刻，她看到老公一脸疲惫的样子，小琴走过去，接过老公递过来的包，笑着说："老公，你回来了，吃饭了吗？身子累不累啊？"丈夫有气无力地说："嗯，吃过了，还行。"看到自己丈夫这样的状态，她并没有说很多的话，也没有表现出丈夫没有陪她的抱怨，而是默默地帮他把衣服挂好，东西收好。

当她丈夫刚坐到沙发上时，孩子跑到爸爸身上，各种撒娇，玩了一会儿，小琴说："好了，宝贝儿，妈妈陪你玩好不好啊？让爸爸休息一会儿，爸爸在外面很累的哦。"等小琴把孩子哄睡着以后，回到丈夫身边，握住丈夫的手，说："亲爱的，辛苦了。"这个时候小琴的丈夫才说起饭局上客户对自己的指责和数落，情绪非常激动，语气中透着愤怒。

看到丈夫如此生气，善解人意的小琴温柔地说："客户对你指责是因为他没有看到你做得好的那一面。换作是别人，也未必能够做得像你这样出色，别人可能很多地方做的还不如你，你起码还做到了这些，别人可能也只能做到你的一部分……老公，你已经做得很好了。"听了小琴的安慰，小琴的老公觉得小琴说的有道理，自己虽然付出了很多努力，但是仍有进步的空间，于是情绪渐渐好转，脸上带着笑意拥小琴入怀。

不得不说，善解人意是女人拴住男人心的制胜法宝。一个善解人意的女人，不会和自己的丈夫斗智斗勇，像泼妇或怨妇一样摆出咄咄逼人的姿态，直到把男人打得像一只斗败的“公鸡”时才肯善罢甘休。因为聪明的女人知道，男人闹情绪九成以上不是因为表面原因，真正的导火线一直潜藏在男人的内心深处。所以，小琴的聪明之处就在于此，她能体会老公的苦和累，所以会对老公的愤怒情绪加以引导，纾解老公的坏情绪。对小琴的老公来说，家有贤妻若此，夫复何求呀。

还记得曾经听过一首歌《男人的苦》，歌中唱出了男人的辛酸和苦楚：“做个男人真的很辛苦，因为想流泪的时候流不出。当男人为了爱付出了全部，可有谁明白他承受的痛苦？好多的话无人可倾诉，有时候也会有莫名的孤独。……做个成功男人更不能糊涂，身经百战只为不能够服输。别以为我不会哭，只因我不想辜负，只为了能追上你爱情的脚步。”其实，男人表面看似坚强，内心却有很多不可言说的苦。一个男人生活上要作为家里的顶梁柱，事业上又要应对日益增长的竞争压力，就算脾气再好，面对多方面的压力和挑战，也有忍不住的时候，所以他们时常也会闹闹情绪。

当男人情绪低落的时候，都希望背后能有一个善解人意的女人理解自己，安慰自己，帮助自己调节不良情绪。所以，善解人意的女人是男人情绪的安慰剂，也是男人倾心的灵魂伴侣。如果你不是天生善解人意，那就要靠后天修炼了。在婚姻生活中，无论遇到什么事情，都要用心观察、思考，而且要换位思考，与其花大量时间了解他，不如先去让他认为你懂他，这样就能让你每句话都说到他的心坎里，给他的精神带来抚慰。

4. 女人容易情绪化，男人要会哄

女人有一个共同的特点——情绪化，只是有的轻有的重。情绪化是指一个人的心理状态在受到外界一些微不足道的刺激后，情绪发生较大较明显的波动，也可以理解为是人处在一种不理性的情感状态下所产生的行为状态。凡是一切与情感有关的心理上的大起大落，都能归类于情绪化的范畴。通常来说，女人要比男人更加情绪化，大多数女人都不愿意直接表达自己的意愿，所以好情绪和坏情绪的来临也丝毫没有规律，因此，男人经常觉得女人难以捉摸。

人区别于动物最重要的一点，就在于人具有理智性。但是人的情绪化会削弱意志控制的力量，所以一遇到不顺心或不如意的事，这个人就像一个打足了气的球一样，会立即爆发出来。我的一个朋友李丽就是这样的人，时不时地就会情绪化。

李丽是一个经常乱发脾气的人，她从来不把情绪积压在心里，属于那种典型的“一触即怒”的类型。在李丽还是个女孩的时候，她的父亲因为长期酗酒，经常打骂她的母亲，这导致了她极度容易情绪化，动不动就大发雷霆的性格。李丽长大后组建了自己的家庭，但她的情绪化却一直没有得到缓解，她总觉得自己的生活不如意，工作也不顺心。

上述事例中，李丽是一位典型的不会控制自己情绪的女人。事实上，过分情绪化是一种情商不高的表现，所以，女人要学会理性地对待自己的情绪化，不要和坏情绪较劲，就能减少许多无谓的烦恼，从而自在地掌控自己的人生。

研究表明，大约有90%的人在情绪化发作时没有采取任何措施，也有些人错误地认为应该听任情绪化随意地发展。其实不然，情绪化不仅会让事情的结果于事无补，而且更容易伤害到他人。所以，面对情绪化的女人，男人要会哄，要尝试帮助对方摆脱情绪化。

小敏和阿诚相处了半年左右，两个人单位离得不是很远。阿诚下班比较早，他每天坐车的地方，正好在小敏的楼下。所以每到阿诚下班去等车的时候，小敏都会趴着窗子去看他，微笑着挥手，然后彼此打招呼。但是恰巧有一天，小敏没有看到阿诚上车，而且这个时候，她又恰巧知道阿诚是和一个女同事一起下的楼，于是小敏就发飙了，开始又哭又闹的。后来，小敏就给男朋友阿诚打电话说：“你在哪里，我要去找你。”阿诚说：“那我去找你吧。”小敏说：“不行，你就在那里等我，我要打车去找你。”阿诚说：“你先冷静一下，你仔细听一听，我在公交车上，是有报站的声音的。”小敏说：“我听不到，我也不想听，我现在就要去找你。”在这个过程当中，阿诚尝试用各种方法帮助小敏解决情绪问题，他对她说：“我知道是我错了，是我走得太快，没关系的，你这么哭我会很心疼的。”最终小敏在不经意间听到了电话里边的报站的声音，再加上阿诚用甜言蜜语哄她，她才一点一点平静下来了，最终两个人和好如初。

阿诚面对小敏的情绪化并没有听之任之，而是冷静地采取有效的措施帮助小敏摆脱情绪化。首先他让小敏冷静一下，以让对方意识到自己的情绪化表现；其次转移小敏的注意力，让她听公交报站的声音；接着是一记绝杀——主动认错，并用甜言蜜语哄她。直到小敏的情绪化逐渐缓解，两人和好如初。在这个事例中，如果阿诚面对小敏的情绪化也处于一种抑郁状态，没有给予小敏足够的回应和安慰，那么小敏会觉得对方不关心自己，不在乎自己，从而让自己的情绪跌落谷底。所以，女人情绪化起来并不是不讲理，男人要学会哄。

两个人在一起吵架在所难免，关键是吵架后的态度，有些男人会不理你，任由你在那里生闷气，也不会主动讲和。而那些情绪化的女人，她也许并不需要你讲什么大道理，不需要你去解释。毕竟爱情里哪有那么多道理可讲，不管她对了还是错了，你让一让她哄一哄她，她就眉开眼笑，不和你计较了，而很多男人不了解这一点，一定要和女人讲道理，这样会导致女人情绪波动更大，吵架也会升级，最后导致不好的结果。

对女人而言，摆脱情绪化是一个漫长且艰辛的过程，这就好比是一场没有硝烟的战争，需要和自己的思想、情感时刻作斗争，有时还需要消耗一定的生理能量。但正如培根所言："欲支配自然，首先要顺从自然。"摆脱情绪化同样如此，接受并不意味着能改变情绪化的本质，但这能让你更清楚地了解它的本质，并知道如何应对它。所以，女人要想摆脱突如其来的情绪，就要承认情绪化的存在，学会控制情绪。而在这个过程中，有一个可以容纳自己，能够给予自己积极回应的会耐心哄自己的男人至关重要。